北京汉石桥湿地昆虫图鉴

Atlas of Insects from Beijing Hanshiqiao Wetland

蔡春轶　朱绍文　潘彦平　主编

科学出版社

北　京

内 容 简 介

　　北京市顺义区汉石桥湿地自然保护区位于顺义区杨镇，总面积 1900 公顷，是北京市平原地区唯一的大型芦苇沼泽湿地。本书由北京市顺义区汉石桥湿地自然保护区昆虫资源普查项目成果汇总而成，全部物种图片均于 2016 年在汉石桥湿地拍摄。书中共收录了北京市顺义区汉石桥湿地自然保护区昆虫共计 14 目 116 科 328 种，其中 318 种鉴定至种，10 种鉴定至属，全部物种均提供了简要的形态描述及活体图片。本书为北京昆虫多样性基础素材，可为北京甚至华北地区，尤其是平原湿地生境中的昆虫物种的野外鉴定提供参考。

　　本书可作为北京及周边地区各农林院校师生、农林植保领域科技工作者及广大昆虫爱好者的参考资料。

图书在版编目（CIP）数据

北京汉石桥湿地昆虫图鉴 / 蔡春铁，朱绍文，潘彦平主编. —北京：科学出版社，2018.6
　　ISBN 978-7-03-057223-3

　　Ⅰ.①北… Ⅱ.①蔡… ②朱… ③潘… Ⅲ.①沼泽化地 - 自然保护区 - 昆虫 - 北京 - 图集 Ⅳ.① Q968. 221-64

中国版本图书馆 CIP 数据核字（2018）第 083365 号

责任编辑：李　悦　田明霞 / 责任校对：郑金红
责任印制：肖　兴 / 封面设计：北京宏源广顺文化发展有限公司

科 学 出 版 社 出版
北京东黄城根北街 16 号
邮政编码：100717
http://www.sciencep.com

中国科学院印刷厂 印刷
科学出版社发行　各地新华书店经销

*

2018 年 6 月第 一 版　　开本：720×1000　1/16
2018 年 6 月第一次印刷　　印张：12 1/4
字数：244 000

定价：148.00 元

（如有印装质量问题，我社负责调换）

编者名单

主　编：蔡春轶　朱绍文　潘彦平

副主编：史宏亮　朱彦生　王卫华

编　委（按姓氏笔画排列）：

马　静　王春胜　朱　利　许亚明　李　文

李海洋　宋　伟　张　勇　崔世锋

编写组：方拓展　朱平舟　刘　晔　刘漪舟　闫　飞

梁红斌　董　雪

顾　问：李金玉　杨　晴　杨　燕　佟　雷　张　伟

张明娜　商红涛　韩新颖　裴爱民　雒学伟

前　言

　　北京市顺义区汉石桥湿地自然保护区（以下简称为汉石桥湿地）位于北京市东部平原地带，顺义区杨镇镇域西南，距顺义城区约 13 千米，距北京主城区约 35 千米。总面积 1900 公顷，其中核心区面积约 163.5 公顷，是北京市平原地区唯一的大型芦苇沼泽湿地。汉石桥湿地原是潮白河水系的一片天然洼地，汇集雨水、地下水而成。2005 年 4 月，汉石桥湿地由北京市园林绿化局批准成立市级湿地自然保护区。汉石桥湿地主要保护对象为典型的芦苇沼泽湿地生态系统和以黑鹳、大天鹅、白枕鹤等为代表的珍稀水鸟。汉石桥湿地具有十分丰富的生物资源，已记录植物 69 科 292 种，鸟类 14 目 46 科 153 种。汉石桥湿地昆虫物种繁多，但关于昆虫物种多样性的系统调查此前尚未开展。

　　针对汉石桥湿地的昆虫资源调查于 2016 年开展，其间作者系统地采集、拍摄、鉴定了汉石桥湿地的昆虫物种。作为本次调查工作的主要成果，本书共收录了汉石桥湿地昆虫计 14 目 116 科 328 种，其中 318 种鉴定至种，10 种鉴定至属，另有 3 科仅以图片记录该科在汉石桥湿地的分布，而未鉴定至属种。本书所包括的全部物种均提供了简要的形态描述、国内及相邻地区的分布记录，以及 1 张典型特征的活体生态图片；部分物种还提供了生物学特性及寄主信息等；对于少数具有多型现象或雌雄异型的昆虫提供额外图片以便识别比对。

　　作为北京市平原地区典型的水生、半水生生境，汉石桥湿地的昆虫区系十分有代表性，既具有一些北京其他地区少见的、仅以芦苇湿地为生的湿地昆虫；又有很多在北京平原地区十分常见而广布的昆虫，这其中包括了一些常见的农林害虫及其天敌。本书的出版旨在总结汉石桥湿地昆虫资源调查成果，并为北京甚至华北地区，尤其是平原湿地生境中的昆虫物种的野外鉴定提供帮助。本书可作为北京及周边地区各农林院校师生、农林植保领域科技工作者及广大昆虫爱好者的参考资料。

　　本书中的所有昆虫生态图片均由史宏亮、梁红斌、刘晔、方拓展、朱平舟、刘漪舟在汉石桥湿地调查中所拍摄，在书中不再单独注明。在本书的昆虫物种鉴定工作中，北京林业大学林木有害生物防治北京市重点实验室提供了核心的技术支撑；同时一些其他单位的昆虫类群分类专家进行了部分物种鉴定。感谢如下参与昆虫物种鉴定的专家：中国科学院动物研究所梁红斌（步甲科）、陈睿（蚜总科）、宋志顺（蜡蝉总科）、罗心宇（木虱科）、吴超（直翅类、蜻蜓目），北京农业大学李虎（跳蝽科）、刘星月（褐蛉科），内蒙古师范大学白小栓（扁蝽科），沈阳农业大学李彦（大蚊科），北京林业大学王志良（象甲总科），南京农业大学宋海天（吉丁科）。并感谢北京林业大学的朱平舟、方拓展、张博涵、张雅宁、李英鸽、李坤、阎巍峰、刘漪舟、赵靖凯、勾宇轩、高泰、刘康佳、张江涛、卢钟宝等同学在野外调查、标本制作及书稿整理过程中提供的帮助。

　　本书仅展示了汉石桥湿地的部分物种，它们或比较常见，或体型较大而色彩艳丽，或与人类生产生活密切相关，或相对易于鉴定。本次调查中所发现的昆虫尚有较多物种未能准确鉴定，而在汉石桥湿地也一定还有更多的物种在此次调查中未能发现。由于时间仓促，加之作者水平有限，本书不妥之处，请读者朋友批评指正。

编　者

2017 年 11 月

目 录

1. 长角跳虫科 Entomobryida

长角跳虫是相对容易见到的跳虫。其个体较大，通常体长 1-8 毫米，体形狭长；弹器发达；触角较长，长者可超过体长，共 4 节，通常第 4 节最长；腹部分节明显，共 6 节，第 4 节明显长于其余各节；体表多生有粗壮刚毛，鳞片如有，一般不覆盖全身。

长角跳虫通常生活在阴暗的林下落叶、树皮、真菌、土壤表层等处，有时数量可能很大。十分活泼，受惊扰时会跳跃。图示为在毛白杨树皮下群集越冬的长角跳虫。

分布：该科全国各地均有分布。

2. 疣跳虫科 Neanuridae

疣跳虫体型较大，通常体长 1.5-5 毫米；体色一般呈鲜艳的红色或蓝色；体形短粗，触角及各足短小；无假眼；体表有许多瘤状突起；腹部分节明显，各节长度接近，第 6 节末端双叶状；腹部弹器退化，是少数不会跳跃的跳虫之一。

疣跳虫行动迟缓，爬行缓慢，多生活在海边、林下、土壤等潮湿环境中，北京地区较罕见。

分布：该科全国各地均有分布。

3. 四节蜉科 Baetidae

双翼二翅蜉 *Cloeon dipterum*（Linnaeus，1761）

　　中型蜉蝣，雌性体长 7.0-8.5 毫米，前翅长约 9.5 毫米。体黄褐色。头小，显著窄于胸部，复眼较大，具 2 条褐色条纹。前翅发达，亚成虫污黄色，成虫透明，前缘区及亚前缘区棕色，边缘横脉至少 10 根；前翅边缘具成对闰脉。缺后翅。各足均为淡黄褐色。腹部细长，黄褐色，背侧颜色稍深。尾须细长，各节基部深色。雄性稍小于雌性，褐色至棕色。复眼陀螺状（右上小图），黄褐色。前翅无色透明，无显著斑纹。

　　稚虫常生活在沉水植物之上，3-5 月可见成虫。亚成虫及成虫都具有显著的趋光性。

　　分布：古北区广布。

四节蜉 *Baetis* sp.

　　中型蜉蝣，体长 4.5 毫米，前翅长约 5.5 毫米。雌性头小，显著窄于胸部。前翅发达，亚成虫污色，成虫无色透明，无斑纹，具毛；前翅边缘具成对闰脉；翅痣区近乳白色，具数条直立横脉。后翅小，无色透明，具 2-3 条纵脉。各足均为淡黄褐色。腹部细长，黄褐色不透明。尾须细长，各节基部深色。

　　稚虫常生活在沉水植物之上，七八月可见成虫。亚成虫及成虫都具有显著的趋光性。

　　分布：北京。

4. 伪蜻科 Corduliidae

闪蓝丽大蜻　*Epophthalmia elegans*（Brauer，1865）

成虫腹部长 51-58 毫米，后翅长 44-50 毫米。复眼亮绿色，后缘具凹缺；前额黑色，具宽阔的乳白色斑；胸部墨绿色，背条纹黄色，占据背板长度的 4/5。合胸具蓝绿色金属光泽，侧面具 1 条黄纹。腹部黑色，腹部第 3-5 节背板具 1 对甚大的黄斑，第 7 节背板具大块黄斑。

北京不甚常见的大型蜻蜓，雄虫沿池塘或河岸快速持续巡逻。

分布：北京、河北、河南、湖南、福建、广东、广西、贵州、海南、江苏、江西、四川、云南、浙江、陕西；朝鲜，日本，俄罗斯，菲律宾。

5. 蜻科 Libellulidae

玉带蜻　*Pseudothemis zonata*（Burmeister，1839）

成虫腹部长 29-32 毫米，后翅长 37-40 毫米。体大部黑色；前额黄白色，复眼深褐色；合胸黑色，侧面具 2 条白纹；腹部 3、4 两节白色，形成醒目的"玉带"，其余腹节黑色。翅透明，翅痣黑色，翅基黑色，翅端褐色。

常见于北京平原地区面积较大的水体附近；雌虫产卵时，雄虫有护卫行为。

分布：北京、河北、河南、湖北、湖南、江苏、浙江、福建、台湾、广东、广西、四川；日本，朝鲜，越南。

黄蜻 *Pantala flavescens*（Fabricius，1798）

成虫腹部长 22-25 毫米，后翅长 24-27 毫米。体黄色至土黄色，腹部常为黄褐色或红褐色；雌虫前额具 2 个小黑斑；复眼背面褐色，腹面灰绿色；合胸侧面具 1 个三角形黑斑，左右各有 1 条黑纹。腹部第 3-9 节侧面具黑斑；腹末附器黑色。

北京平原地区最常见的蜻蜓之一，飞行能力强，成虫常远离水体活动。

分布：北京、河北、河南、山东、山西、江苏、浙江、湖北、湖南、福建、四川；世界热带和温带地区广布。

6. 蟌科 Coenagrionidae

长叶异痣蟌 *Ischnura elegans*（Van der Linden，1823）

小型蜻蜓。体长 28-32 毫米。雄性：复眼蓝色，背侧具黑色斑。合胸蓝绿色，具黑色细带；合胸脊黑色。翅无色透明，翅脉黑色，无深色区域；翅痣短，近菱形，翅痣基部黑色，端部白色。腹部狭长，背侧亮黑色，第 1-2 腹节侧面蓝绿色，第 7-10 腹节侧面蓝色，第 8 腹节几乎全部蓝色。肛附器短小，黑色，内侧具 1 枚向下的齿突。雌性体色多变，多数黄绿色或橙红色，部分雌性与雄性色彩近乎完全一致（如上图）。

稚虫常在湖泊中的沉水植物上活动，捕食性。成虫 4-9 月可见，在水边捕食飞虫。

分布：北京、河北、陕西、山西、山东、河南等地。

东亚异痣蟌 *Ischnura asiatica*（Brauer，1865）

小且纤细的蜻蜓。体长 28-32毫米。雄性：复眼黄绿色，背侧具黑色斑。合胸黄绿色，具黑色细带；合胸脊黑色。翅无色透明，翅脉黑色，无深色区域；翅痣短，近菱形，黑褐色。腹部狭长，背侧亮黑色，第1-2腹节侧面黄绿色，第9腹节几乎全部蓝色，第10腹节背侧有近方形黑斑。肛附器短小，黑色，内侧具1枚向下的齿突。雌性近似雄性，具多种色型。图示为雄虫。

稚虫常在湖泊中的沉水植物上活动，捕食性。成虫3-6月可见，在水边捕食飞虫。

分布：北京、河北、陕西、山西、山东、河南、福建、台湾等地。

隼尾蟌 *Paracercion hieroglyphicum*（Brauer，1865）

小型蜻蜓。体长29-34毫米。雄性：复眼蓝绿色，背侧具黑色斑。合胸蓝绿色，具窄的黑色细带；合胸脊黑色。翅无色透明，翅脉黑色，无深色区域；翅痣短，近菱形。腹部狭长，背侧及侧面蓝绿色，第2-6腹节背面黑色，第7腹节背面完全黑色，侧面蓝绿色；第8腹节背面具1窄黑色横纹。肛附器淡黄色，上肛附器长于下肛附器。雌性较雄性粗壮，体色偏黄，斑纹近似，但合胸及腹部背面黑斑较细。图示为雌虫。

稚虫常在湖泊中的沉水植物上活动，捕食性。成虫6-8月可见，在水边捕食飞虫。

分布：中国东部地区广布。

7. 扇螅科 Platycnemididae

叶足扇螅 *Platycnemis phyllopoda* Djakonov，1926

体小型，纤细的蜻蜓。体长 33-37 毫米，前翅长 18-21 毫米。复眼蓝灰色，背侧黑色。合胸黄绿色，两侧具显著的宽阔黑色条纹。翅狭长，无色透明，翅脉黑褐色，翅痣褐色。各足股节黑色。雄性中后足胫节呈叶状扩展，白色；雌性正常。腹部细长，黑色，各腹节侧缘具黄色边缘。肛附器白色，上肛附器短于下肛附器。

稚虫常在湖泊中的沉水植物上活动，捕食性。成虫 5-9 月可见，在水边捕食飞虫。

分布：北京、江苏、浙江、湖南、湖北、河北、山东等地。

8. 地鳖蠊科 Corydiidae

中华真地鳖 *Eupolyphaga sinensis*（Walker，1868）

雌雄性二型，雄性体长 18-21 毫米，前翅长 23-27 毫米；雌性体长 28-34 毫米。雌性无翅，体扁平，近圆形，体黑褐色；前胸背板前缘具淡色宽边；头顶部略露出前胸背板。雄虫具翅，前胸背板椭圆形，前缘具浅褐色带；小盾片黑色；前翅为半透明的黄褐色，具深褐色碎斑纹。

又名土鳖、土元，雌虫常见于石块下或土中，雄虫可被灯光吸引。可作为中药材，若进入粮仓也可成为仓储害虫。

分布：北京、甘肃、宁夏、内蒙古、辽宁、河北、山西、山东、江苏、上海、安徽、湖北、湖南、四川、贵州；蒙古国，俄罗斯。

9. 螳科 Mantidae

棕静螳 *Statilia maculata*（Thunberg，1784）

雄性体长 31-49 毫米，雌性 43-58 毫米。体棕灰色，散布黑褐色斑点。前胸腹板在两前足基节之间的后方具黑色横带。前足基节内侧基部具黑色或蓝紫色斑，股节内侧中部黑斑间具白斑，胫节具 7 个外刺列。

该种体型狭长，均为褐色，前足基节内侧具斑，易与北京其他常见螳螂相区分。成虫及若虫捕食多种昆虫。

分布：北京、河南、山东、江苏、上海、浙江、安徽、江西、福建、台湾、湖南、广东、广西、海南、四川、重庆、贵州、云南、西藏；日本。

10. 蝗科 Acrididae

短额负蝗 *Atractomorpha sinensis* Bolivar，1905

雄性体长 19-23 毫米，雌性 28-35 毫米。体草绿色或黄褐色，体表具黄白色小瘤突，翅上具线状浅色小斑。头部三角形，头顶尖，触角剑状，各节宽扁，着生于单眼前方；前胸背板具 3 条浅横沟，侧隆线不明显；前翅较长，翅端尖；后翅基部粉红色。

常见于北京平原地区，6 月下旬及 9 月可见成虫，成虫善跳跃，不喜飞翔，可取食多种农作物及杂草。

分布：北京、陕西、甘肃、青海、宁夏、内蒙古、辽宁、天津、河北、山西、河南、山东、江苏、上海、浙江、安徽、江西、福建、台湾、湖北、湖南、广东、广西、海南、重庆、四川、贵州、云南；日本，朝鲜。

花胫绿纹蝗 *Aiolopus tamulus*（Fabricius，1798）

雄性体长 18-22 毫米，雌性 25-29 毫米；雌性前翅约等于体长，雄性前翅明显长于体长。体褐色，头及前胸侧面有时绿色；前胸背板中央具褐色纵条纹，两侧黑色；前翅端部颜色较深，基部靠近前缘处具显著绿色窄条纹；后足股节内侧具 2 个黑色大斑；后足胫节端部红色，基部浅色，中部蓝黑色。

常见于北京平原地区，6-9 月可见成虫，成虫可短距离飞行，具趋光性，取食多种农作物及杂草。

分布：北京、陕西、甘肃、宁夏、辽宁、河北、河南、海南、贵州、云南；南亚，东南亚至大洋洲。

11. 蚱科 Tetrigidae

波氏蚱 *Tetrix bolivari* Saulcy，1901

体中小型，体长 7.5-11.5 毫米。头顶稍突出于复眼前缘，复眼球形。前胸背板前缘平截，背面不显著隆起；后突长锥状，超过后足胫节中部。肩角弧形，前胸背板侧叶后缘具 2 个凹陷，侧叶后角向下，末端圆。前翅卵形，细小；后翅发达，无色透明，超过前胸背板后缘。体褐色至黑褐色，前胸背板背面常具 1 对黑斑。

常在湿地附近活动，取食腐败植物。成虫善飞，具趋光性。

分布：中国东部地区广布。

体小型，黄褐色，通体具小颗粒。体长 7.5-12.5 毫米。头不突起，头顶稍突出于复眼前缘，颜面稍倾斜。复眼近球形，突出。触角丝状，短小，褐色。前胸背板前缘钝角形延伸，背面在横沟间略呈屋脊形，肩角之后较平，后突楔形，末端到达或稍超出腹端。前翅十分短小，卵形，侧置；后翅未达腹部末端。后足股节十分粗壮，长约为宽的 3 倍。通体黄褐色至褐色，前胸背板中部常具不规则斑纹。

常在湿地边活动，取食附生在岩石上的藻类或腐叶。

分布：中国华北及东北部地区广布。

12. 蟋蟀科 Gryllidae

中大型黄褐色的蟋蟀，体长 19-25 毫米。头部浑圆，复眼卵圆形，突出；成虫面部具显著的眉状纹。触角长于体长，丝状，黄褐色。前胸背板多毛，褐色，具浅色不规则斑纹。各足黄褐色具深色斑。前翅发音域宽阔，半透明；后翅发达或脱落。腹部黄褐色，尾须长而多毛。雌性近似雄性，通常体型更大；前翅无发音域，产卵瓣针状，显著长于尾须。若虫黑褐色，胸后具 1 条显著白色环带。

常以植物根茎为食。

分布：北京、河北、山东、山西、陕西、河南等，中国东部地区广布。

多伊棺头蟋 *Loxoblemmus doenitzi* Stein，1881

中等体型，黑褐色的蟋蟀。体长 16.5-22.5 毫米。雄性头宽于前胸背板，面部平截，横宽，显著倾斜；复眼卵圆形，显著突出，复眼下侧具明显的尖角；额顶突出，具 1 黄色横带，头后具数条黄色纵纹。触角长于体长，丝状，黄褐色。前胸背板多毛，褐色，具浅色不规则斑纹。各足黄褐色具深色斑。前翅发音域宽阔，半透明；后翅发达或脱落。腹部黑褐色，尾须长而多毛。雌性近似雄性，但头部正常；前翅无发音区域。图示为雌虫。

生活于多种环境，常以植物根茎为食。具趋光性。

分布：北京、河北、山东、山西、陕西、河南、吉林等地。

斑腿双针蟋 *Dianemobius fascipes*（Walker，1869）

小型蟋蟀，体长 5-7 毫米。体灰褐色；头部灰白色，具 5 条深色纵纹；触角棕褐色，基部 3 节黑色；前胸背板灰褐色，两侧通常呈黑褐色；各足白色，前、中足股节端部具黑斑，后足股节内缘具 3 个大黑斑，各足胫节具褐色环纹。尾须长，基部具黑斑，中部灰白色，端部灰褐色，具长毛。前翅发音域宽阔，半透明；后翅发达或脱落。图示为雄虫。

在北京成虫多见于 9 月，生活于草丛等环境，具趋光性。

分布：北京、甘肃、陕西、河北、河南等地，中国东部及南部地区广布；国外分布于日本、东南亚、南亚。

13. 蝼蛄科 Gryllotalpidae

华北蝼蛄 *Gryllotalpa unispina* Saussure，1874

雌性成虫体长38-55毫米，雄性略小；体褐色，前胸覆盖金黄色绒毛；触角短；前翅短，后翅纵卷成筒状；前足开掘足，后足善跳跃，后足胫节内缘近端部具0-2个距。北京另分布有东方蝼蛄 *Gryllotalpa orientalis*，该种体型明显较小，后足胫节内缘近端部具3-4个距。

生活于地表土中，取食多种植物的地下部分，成虫具趋光性。

分布：北京、宁夏、甘肃、新疆、内蒙古、吉林、辽宁、河北、山西、河南、江苏、安徽、湖北、江西、西藏。

14. 蚤蝼科 Tridactylidae

日本蚤蝼 *Xya japonica*（Haan，1842）

体长 5.0-5.6 毫米。体黑色，前胸背板侧缘或仅后下角黄白色，前足及中足胫节黄褐色，后足股节背面具醒目小白斑。触角 10 节，念珠状；前胸背板拱隆；中足胫节宽扁；后足股节膨大；前翅短；尾须2 节，多毛。

生活于潮湿的土壤中，取食植物地下部分，善跳跃，常见于地面或低矮植物上，有时可被灯光吸引。

分布：北京、天津、河北、山东、江苏、浙江、江西、福建、台湾；日本。

15. 黾蝽科 Gerridae

圆臀大黾蝽 *Aquarius paludum*（Fabricius，1794）

体长 11-17 毫米。体形狭长；触角丝状；前足短而略粗壮，适于捕食；中、后足细长，适于水面行走。体背黑色，具模糊浅色斑纹，前胸及腹部两侧具黄色纵线；体腹面密被银白色疏水绒毛；各足黑灰色，具绒毛，基节黄色。雄虫腹部末端具 1 对长刺突。

常见于水面快速行走，捕食落入水中的小昆虫。夏季可被灯光吸引。

分布：全国广泛分布；国外分布于日本、朝鲜、俄罗斯及东南亚等国。

16. 跳蝽科 Saldidae

影斑沙跳蝽 *Saldula opacula*（Zetterstedt，1838）

体长 3.5-4.0 毫米；体卵圆形，十分扁平。体背大部黑色；前胸背板完全黑色；小盾片具模糊斑纹；前翅具浅色斑纹，爪片端部具 1 枚小白斑，革片侧缘区几乎全为浅色；各足大部为浅色。头小，复眼十分大而且突出；触角第 1 节略长于第 2 节一半。

见于水边潮湿环境，夜间可被灯光吸引，6-9 月可见。

分布：北京、内蒙古、甘肃、黑龙江、四川、云南、新疆；日本，俄罗斯，蒙古国，印度，中亚，西亚，欧洲，北美洲。

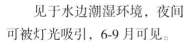

17. 猎蝽科 Reduviidae

双刺胸猎蝽 *Pygolampis bidentata*（Goeze，1778）

体长 13-16 毫米，体形窄长，体背暗褐色，无显著斑纹，前、中足黄褐色，后足股节暗褐色。头部小，眼后具短刺，复眼小而突出；触角第 1 节膨大，具短毛。前胸背板梯形，前角处具 1 对向前突出的刺突。前翅膜区具模糊的浅色斑。后足细长，股节不达腹部末端。

捕食性，夜间可被灯光吸引。

分布：北京、陕西、甘肃、黑龙江、河北、天津、山西、河南、山东、湖北、广西、四川；欧洲。

18. 姬蝽科 Nabidae

华姬蝽 *Nabis sinoferus* Hsiao，1964

体长 6-9 毫米；体形窄长，体两侧近平行；头小，长大于宽；前胸背板梯形；前足股节膨大。体背草黄色，头顶中央具黑色纵线，前胸背板后叶具多条黑色短纵纹；前翅革片翅脉白色，间有深色斑点；膜片翅脉黑褐色；各足黄褐色，杂有黑色小瘤突。

捕食性，可捕食多种小型昆虫。

分布：北京、陕西、甘肃、宁夏、青海、新疆、内蒙古、黑龙江、吉林、天津、河北、河南、山东；蒙古国，中亚。

19. 盲蝽科 Miridae

黑唇苜蓿盲蝽 *Adelphocoris nigritylus* Hsiao，1962

体长 7-8 毫米。头小，复眼红色，强烈突出；唇基端部常为黑色；触角细长，约等于体长，第 1 节褐色，第 2 节端部 1/3 黑色，第 3 节基部 1/3 白色，端部黑色，第 4 节最短，基部白色，端部黑色。体背黄褐色，前胸背板常有 4 块深色暗纹。前翅具金黄色伏毛，楔片白色，膜片黑色。

取食小麦、棉花及多种杂草，夜间灯下可见。

分布：北京、陕西、宁夏、甘肃、辽宁、吉林、河北、天津、山西、河南、山东、江苏、浙江、安徽、湖北、海南、四川、贵州。

甘薯跃盲蝽 *Ectmetopterus micantulus*（Horváth，1905）

体长 2.5-2.7 毫米。体背大部黑色；前胸背板及小盾片被稀疏小黄斑，前翅革片及爪片区被较密的大黄斑；各足胫节端部具黄色环纹；后足股节端部红褐色。体形短宽，头小而短，宽显著大于长，触角长于体长，第 1 节短而宽；前胸背板近六边形，表面光洁而隆起；前翅楔片及膜片区强烈向下方弯折；后足股节加粗，善跳跃。

取食甘薯、大豆、玉米等作物。

分布：北京、陕西、甘肃、天津、河北、河南、山东、浙江、江西、福建、湖北、湖南、广东、海南、四川、贵州；日本，朝鲜。

条赤须盲蝽 *Trigonotylus coelestialium*（Kirkaldy, 1902）

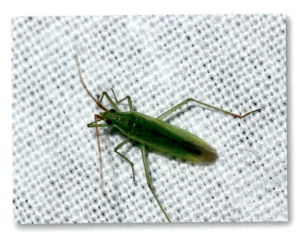

体长 5-6 毫米。体背大部草绿色，触角红棕色，第 1 节具红绿相间的纵纹；后足跗节及胫节端部红棕色；前翅楔片黄色，膜片灰褐色。体形狭长，体两侧近平行；头小，三角形，中叶突出；复眼灰褐色；触角略短于体长；前胸梯形，表面光洁；前翅平坦，翅脉与底色相同。

取食小麦、玉米、水稻等禾本科作物。有时灯下可见。

分布：北京、陕西、甘肃、青海、宁夏、新疆、内蒙古、辽宁、吉林、黑龙江、河北、河南、山东、江苏、江西、安徽；中亚，西亚，欧洲，北美洲。

雅氏弯脊盲蝽 *Campylotropis jakovlevi* Reuter, 1904

体长 6.9-7.3 毫米。体草黄色；头部具 4 枚大型黑斑，颈部红色，唇基黑色；触角第 1 节红色，其余节草黄色，第 1 节与第 2 节相接处黑色；前胸背板后部颜色较深，前部具 2 个近圆形凹陷，凹陷处具不规则黑纹；中胸盾片外露，橙黄色，前端具 4 枚小黑斑；小盾片隆起，草黄色；前翅平坦，翅脉白色，楔片白色，膜片褐色；各足股节端部及胫节基部红棕色。

分布：北京；朝鲜。

20. 网蝽科 Tingidae

悬铃木方翅网蝽 *Corythucha ciliata*（Say，1932）

体长 3.2-3.7 毫米；体乳白色，在两翅基部隆起处的后方有褐色斑；触角短，端节棒状；头顶具发达的盔状头兜，中央具发达纵脊；前胸侧缘扩展，具网格及小刺；小盾片小，中央具发达纵脊；前翅分区不显，具网格，侧缘具小刺，静止时前翅近长方形；足细长，股节不加粗。

该种为世界性的入侵害虫。原产北美洲，先后传入欧洲、南美洲、东亚及澳大利亚。我国最早于 2006 年发现于湖北，后传入多个省份，主要危害悬铃木属植物叶片。

分布：北京、河南、山东、上海、江苏、浙江、江西、湖南、湖北、重庆、贵州；朝鲜，欧洲，北美洲。

21. 扁蝽科 Aradidae

文扁蝽 *Aradus hieroglyphicus* Sahlberg，1878

体长 5-6 毫米；体形狭长，全身布瘤突。体黄褐色，具黑褐色斑；触角灰褐色，第 3 节除基部之外为淡黄色；腹部侧接缘深浅两色相间。头顶中叶突出，两侧平行，明显超出触角第 1 节。前胸背板约与前翅基部等宽，侧缘扩展，边缘具 1 列齿突；背板中央具 4 列明显的瘤状脊。腹部宽大，侧缘扩展，露出前翅之外，侧接缘形成锯齿状。

见于枯树皮下或真菌上，以真菌为食。

分布：北京、天津、宁夏、内蒙古、山西、河南、新疆；俄罗斯，韩国，日本。

22. 跷蝽科 Berytidae

锤胁跷蝽 *Yemma exilis* Horváth，1905

体长 6.1-7.5 毫米。体草黄色至黄绿色，触角端部颜色略深。体形十分纤细；触角细长，不及体长 1.5 倍，第 1 节最长，第 4 节显著膨大；各足细长，似高跷状；臭腺孔具显著的棒状突起。

常见于植物叶片上，可吸食植物汁液，也可捕食蚜虫等小昆虫。

分布：北京、陕西、甘肃、河北、河南、山东、浙江、江西、四川、西藏；日本，朝鲜。

23. 长蝽科 Lygaeidae

白斑地长蝽 *Panaorus albomaculatus*（Scott，1874）

体长 7.0-7.5 毫米；体长形，较粗壮；体背具黑、灰、白三色花纹。头三角形，均为黑色，无光泽；触角略长于体长一半，黑黄相间。前胸背板侧缘米白色，中央前部黑色，中央后部米白色，密被黑色刻点。小盾片黑色，端部具 2 条浅黄色短纵纹。前翅革片端部具 2 枚显著大型白斑；革片基部及爪片密被黑色小刻点，爪片内外缘均具 1 列规则刻点列。

常见于地面，取食杨、榆等植物汁液，几乎全年可见。

分布：北京、陕西、吉林、天津、河北、山西、河南、江苏、湖北、湖南、广西、四川；日本，朝鲜，中亚。

角红长蝽 *Lygaeus hanseni* Jakovlev，1883

体长 8-9 毫米。头黑，头顶基部至中叶中部具红色纵纹，复眼与前胸背板相接；触角黑色。前胸背板后侧缘及中央具红色宽纵纹，胝后方各具 1 个黑色圆斑。小盾片黑，纵脊明显。前翅暗红色，爪片除外缘外红色，近端部具 1 对黑色圆斑；革片外缘及后缘红色，中部具 1 对黑色圆斑；膜片黑色，中央具白色圆斑，圆斑与革片顶角之间具乳白色横带。

可取食多种植物，偶见于灯下。

分布：北京、黑龙江、辽宁、吉林、河北、天津、甘肃、内蒙古；哈萨克斯坦，俄罗斯，蒙古国。

大眼长蝽 *Geocoris pallidipennis*（Costa，1843）

体长约 3 毫米。身体短宽，复眼大而突出，体背黑黄两色。头黑色，复眼内侧及额有时具小黄斑，头顶中叶形成尖突；复眼红褐色，向后突伸达前胸背板两侧；触角短粗，端节红褐色。前胸背板中线处具黄斑，刻点粗大；小盾片黑色；爪片具 1 列整齐刻点；革片沿爪片缝具 2-3 列刻点，沿爪片缝端部具褐色小斑。

常见于潮湿的地表，以捕食性为主，兼食植物汁液。

分布：中国大部分省区均有分布；国外分布于欧洲、北非、中亚、南亚、东南亚等地。

24. 侏长蝽科 Artheneidae

大沟顶长蝽　*Holcocranum saturejae* Kolenati，1845

体长 3.2 毫米；体微小而短粗。体背灰褐色至浅褐色；头部中央具 2 条深色纵纹；前胸周缘白色；小盾片颜色较深。头部中、侧叶之间的沟较长，几乎达头后缘；触角短，短于头与前胸背板之和，第 1 节较粗，端节略膨大。前胸背板近梯形。

取食蒲草的雌花序，偶见于灯下。

分布：北京、内蒙古；中亚，西亚，欧洲，北美洲，北非。

25. 皮蝽科 Piesmatidae

灰皮蝽　*Piesma josifovi* Péricart，1977

体长 2.5-2.8 毫米；体背灰褐色，杂有深色斑纹，侧边缘浅黄色；触角及足浅黄色，复眼红色，小盾片黑色。体型扁平；头短宽，眼前具二叉刺突，上叉极小；触角短，第 3 节最长，端节棒状；前胸背板前部具 5 条纵脊，前角圆弧形，侧缘于中部具明显缢缩。

记录寄主为槐树，但在汉石桥湿地发现于水边潮湿地面。

分布：北京、天津、山东；欧洲。

26. 红蝽科 Pyrrhocoridae

地红蝽 *Pyrrhocoris sibiricus* Kuschakevich，1866

体长 8-10 毫米；体长卵圆形。体背土黄色，局部红色；头及触角黑色，头顶中央具红色纵纹。前胸背板横宽，侧缘近直，大部密被黑色刻点，前部中央区光洁，具 2 枚分离的方形黑斑，黑斑周围红色；小盾片红色，顶端通常光滑。前翅爪片及革片密被黑色刻点，无显著黑斑；膜片褐色。中胸侧板后缘具明显白色带纹。

常见于地面，取食多种植物的种实，偶见于灯下。

分布：北京、甘肃、青海、内蒙古、辽宁、河北、天津、山东、江苏、上海、浙江、四川、西藏；日本，朝鲜，蒙古国，俄罗斯。

曲缘红蝽 *Pyrrhocoris sinuaticollis* Reuter，1885

体长约 7.5 毫米；体长形。体色较暗，褐色略具蓝色光泽，无红色区域。前胸背板侧缘中央显著弯曲；表面均具黑色刻点，但前部刻点较细小，前部中央黑斑较模糊；小盾片暗褐色，均匀被黑色刻点；前翅爪片及革片密被黑色刻点，无显著黑斑；膜片褐色。中、后胸侧板后缘暗色；侧接缘黑黄两色。

该种偶见于灯下，成虫多活动于地面取食种实。

分布：北京、湖北、江苏、浙江；俄罗斯。

27. 蛛缘蝽科 Alydidae

点蜂缘蝽 *Riptortus pedestris*（Fabricius，1775）

体长 15-17 毫米；体形狭长，各足纤细；体背棕黄色至黑褐色。头窄于前胸背板，单眼红色；触角长于体长一半，第 4 节基部黄色。前胸背板具颗粒状小突起；两侧无黄色斑纹或仅具分散黄点；后缘波浪状，具 2 个弯曲；侧后角形成刺突。前翅及腹部于中部收狭。后足股节内侧具 1 列小齿突，后足胫节向内弯曲。

常见于植物表面，取食多种植物汁液，尤其喜食豆科植物。

分布：北京、陕西、河北、山西、河南、山东、江苏、浙江、安徽、江西、福建、台湾、湖北、四川、云南、西藏；缅甸，印度尼西亚，印度。

28. 土蝽科 Cydnidae

青革土蝽 *Macroscytus subaeneus* Dallas，1851

体长 7.5-10 毫米；体褐色至黑褐色，体形扁圆。头宽约为长 2 倍，侧缘无短刺；触角 5 节，长于前胸背板，第 4 节最短。前胸背板前部光洁，后部具稀疏刻点；侧缘靠近前角处具成列的刚毛；后缘向两侧扩展形成瘤状，覆盖真正的侧后角。小盾片端部延长，侧缘于端部弯曲。后足股节端部具刺突。

偶见于地面活动，取食多种植物的根部汁液，成虫具趋光性。

分布：北京、甘肃、河南、山东、上海、江苏、浙江、江西、福建、台湾、湖北、广东、四川、云南；日本，缅甸，越南。

黑伊土蝽　*Aethus nigritus*（Fabricius，1794）

体长 4-5 毫米；体亮黑色，触角及各足红棕色；体形扁圆。头部短宽，侧叶与中叶近等长，前缘具 1 列短刺及 1 列刚毛；触角 5 节，第 2 节细且最短。前胸背板侧缘前部具刚毛列；中后部具刻点；小盾片宽大，顶角钝圆，具粗大刻点。各足胫节具发达毛刺。

偶见于地面活动，生活于浅层土壤，危害寄主根部。

分布：北京、天津、山西、山东、云南、西藏；日本，缅甸，印度，欧洲，北美洲。

圆阿土蝽　*Adomerus rotundus*（Hsiao，1977）

体长 3.5-4.5 毫米；体亮黑色，前胸及前翅侧边白色，每侧前翅革片中央具 1 条白色短斜纹。头短宽，侧叶与中叶长度接近；触角 5 节，第 2 节略长于第 1 节，第 3 节长于第 2 节；复眼强烈突出；前胸背板及头部侧缘无刚毛列；前胸背板胝部光洁，其余区域被刻点。

于土壤中危害寄主植物根系，寄主包括小麦、多种蔬菜及杂草。

分布：北京、甘肃、天津、河北、陕西、山东、江苏、湖北、香港；日本，朝鲜，俄罗斯。

29. 蝽科 Pentatomidae

菜蝽 *Eurydema dominulus* Scopoli，1763

体长 6-9 毫米；体橙红色或橙黄色，具黑色斑纹。头黑色，前缘红色；侧叶显著长于中叶；触角黑色，第 2 节长于第 1 节，第 4、5 两节纺锤形。前胸具 6 枚黑斑，其中 2 枚较小的位于前部光洁区域，后部具黑色细刻点；小盾片具 3 枚黑斑，其中基部中央 1 枚甚大。前翅爪片完全黑色，革片近端部具 1 独立的小黑斑，膜片黑色；腹部侧接缘黑红两色。

取食十字花科植物，在汉石桥常见于二月兰上。

分布：中国广泛分布；国外分布于俄罗斯、中亚、欧洲。

茶翅蝽 *Halyomorpha halys*（Stål，1855）

体长 12-16 毫米；体、翅茶色，密布褐色小斑点。头部中叶略长于侧叶，头侧缘在复眼前方略向外突出，复眼黑色，触角褐色，第 4 节两端及第 5 节基部黄白色。前胸背板前部具 4 个黄白色小斑，侧缘浅色；小盾片黄褐色，基部具 1 列 5 个黄白色小斑。前翅革片及爪片暗紫色；膜片黑色；腹部侧接缘黑白两色相间。

北京常见蝽类，可在多种植物上发现，偶见于室内。

分布：北京、吉林、辽宁、内蒙古、河北、山东、河南、陕西、安徽、江苏、贵州、台湾、广东、广西；日本，越南，印度尼西亚，缅甸，印度，斯里兰卡。

蓝蝽 *Zicrona caerulea*（Linnaeus，1758）

体长 6-9 毫米。体均一蓝色或蓝黑色，具强烈金属光泽；前翅膜片黑褐色；体背具细刻点。头近方形，侧叶与中叶近等长；复眼强烈突出；触角 5 节，第 2 节最长。前胸背板近梯形，侧缘略向内侧弯曲，后角钝圆。小盾片密被刻点；前翅覆盖腹部侧缘。

分布：北京、黑龙江、辽宁、内蒙古、河北、天津、山西、陕西、山东、甘肃、新疆、江苏、浙江、台湾、江西、湖北、四川、贵州、广东、广西、云南；日本，俄罗斯，中亚，西亚，欧洲，缅甸，印度，马来西亚，印度尼西亚，北美洲。

珀蝽 *Plautia crossota*（Dallas，1851）

体长 8-11.5 毫米。体黄绿色；触角草黄色，第 3-5 节端部黑色；小盾片端部黄色；前翅爪片及革片灰白色，密被黑色刻点，革片外缘具 1 深色小斑；膜片深褐色。头近六边形，侧叶与中叶等长；复眼突出，其后具刺突。前胸背板前缘及侧缘处光洁，其余区域密被细刻点。

寄主植物多样，常见于嫩芽处刺吸取食。成虫具趋光性。

分布：北京、河北、河南、江苏、浙江、安徽、福建、江西、湖南、湖北、广东、广西、海南、贵州、四川、云南、西藏；日本，东南亚，印度，非洲。

30. 蝉科 Cicadidae

黑蚱蝉 *Cryptotympana atrata*（Fabricius，1775）

体长 38-48 毫米，翅展 115-125 毫米。体形粗壮；体黑色具光泽，密生浅色短绒毛，体背无显著斑纹；各足黑色，具橙黄色斑纹；翅基部 1/3 左右黑色，端部透明，翅脉基部橙黄色，端部黑色。雄性腹部基部具发声器，腹瓣后端圆形，长度不达腹部一半。

该种是北京体型最大的一种蝉，常见于平原地区，寄主十分广泛，鸣声响亮，为连续高频率的单音节"Zhia—Zhia—Zhia—"。

分布： 北京、陕西、甘肃、内蒙古、辽宁、河北、山西、河南、山东、上海、江苏、浙江、安徽、福建、江西、湖北、湖南、广东、广西、海南；日本，朝鲜，东南亚。

鸣鸣蝉 *Oncotympana maculaticollis*（Motschulsky，1866）

体长 35-38 毫米，翅展 110-120 毫米。体背大部黑色，具暗绿色斑纹，前、中胸背板两侧的绿斑最为显著，中胸及腹部背面常具白色蜡粉。各足黑色，具绿色斑纹。翅透明，前翅中部横脉具 4 个黑斑，外缘脉具 6-7 个小型褐色斑；翅脉黑色，基部黄褐色，前缘脉及亚前缘脉中部具白斑。雄性腹部基部具发声器，腹瓣短宽，长度不达腹部一半。

该种常见于北京山区及平原地区，寄主多样，成虫具趋光性，鸣声为小段的双音节"Wu-Wa—Wu-Wa—Wu-Wa—"。

分布： 北京、陕西、甘肃、辽宁、河北、山西、山东、浙江、江西、福建、四川、贵州；日本，朝鲜。

蒙古寒蝉　*Meimuna mongolica*（Distant，1881）

体长 28-35 毫米，翅展 90-105 毫米。体背黑色与灰绿色相间，前胸背板中央具 8 条黑色纵纹，中胸背板具 5 条黑色纵纹，腹部背面常具少量白色蜡粉。各足黑色，具绿色斑纹。翅透明，前翅近端部横脉具 2 个黑斑；翅脉黑色，基部橙黄色，前缘脉及亚前缘脉中部具白斑。雄性腹部基部具发声器，腹瓣绿色，窄长，端部向侧方倾斜，达腹部长度 2/3。

该种常见于北京山区及平原地区，寄主多样，成虫具趋光性。

分布：北京、河北、内蒙古、辽宁、江苏、浙江、安徽、福建、江西、河南、湖南、广东、广西、陕西；朝鲜，蒙古国，越南。

31. 叶蝉科 Cicadellidae

大青叶蝉　*Cicadella viridis*（Linnaeus，1758）

体连翅长 7-10 毫米。体青绿色。头冠黄绿色，近后缘处有 1 对多边形黑斑，颜面淡褐色，触角上方有 1 黑斑。前胸背板青绿色。小盾片淡黄绿色。前翅青绿色，端部近无色透明，翅脉青黄色，后翅烟黑色半透明。腹部背面蓝黑色。胸、腹及足橙黄色。

该种是十分常见的叶蝉，刺吸植物汁液，寄主多样，且传播植物病毒。

分布：全国各地均有分布。

黑点片角叶蝉　*Podulmorinus vitticollis*（Matsumura，1905）

　　体连翅长5.8-6.4毫米，头部宽阔，体向后显著变窄。体灰褐色，头冠具2对黑斑，前胸背板前缘具黑色细小斑点，小盾片前缘两侧具黑色三角形斑，中线黑纹向后分叉；前翅翅脉黑褐色，具白色颗粒，翅脉处具4处醒目白纹。

　　寄主为杨、柳、槐等，成虫夜间可被灯光吸引。

　　分布：北京、甘肃、黑龙江、贵州；日本，朝鲜。

虎刻纹叶蝉　*Goniagnathus rugulosus*（Haupt，1917）

　　体连翅长4.4-5.3毫米，头部宽阔，最宽处位于翅中部，翅端显著变窄。体灰褐色，体背杂有黄褐色、黑色的细小斑纹；头冠具多条黑色横纹，中央具1纵条；前胸背板长度约为头顶长度3倍。

　　该种多见于地面及低矮杂草上。

　　分布：北京、陕西、宁夏、黑龙江、河北、山西、山东、河南；朝鲜，俄罗斯，蒙古国。

条沙叶蝉 *Psammotettix striatus*（Linnaeus，1758）

体连翅长 3.3-4.3 毫米，体形狭长，头顶近三角形，前胸前缘深凹，体两侧近平行，翅端略变窄。体灰褐色，头顶具 3 条白色纵纹，前胸背板具 5 条白色纵纹，小盾片两侧颜色较深，有时具小黑斑。翅脉白色，翅室中央色浅，近翅脉处黑褐色。

寄主为多种禾本科植物，是小麦、玉米的重要害虫，夜间可被灯光吸引。

分布：北京、陕西、甘肃、新疆、山西、安徽、台湾等；古北区广泛分布。

窗耳叶蝉 *Ledra auditura* Walker，1858

体型特殊的大型叶蝉，体长 14-18 毫米。体背面暗褐色，无显著斑纹，腹面及足黄褐色。头冠扁平，前缘呈钝圆角突起，中央具浅纵脊，两侧具半透明窗，伸达头冠前缘；前胸背板具 1 对发达的耳状突起，此突起形态略有变化；后足胫节片状，侧缘端半疏生 3 枚齿刺。体背除前翅端部外，密生刻点。

寄主植物有梨、苹果、葡萄、臭椿、杨、刺槐等。北京 6-8 月可见成虫，具趋光性。

分布：北京、陕西、辽宁、浙江、安徽、广东、香港、台湾；日本，朝鲜，俄罗斯。

杨皱背叶蝉 *Rhytidodus poplara* Li & Yang, 2008

体连翅长 6.2-7.0 毫米。头部宽阔，体最宽处位于头部，翅端显著变窄。体黄褐色，体背无显著斑纹；颜基部具黑褐色宽横带；小盾片中央具人字形凹痕，中央具白色纵纹；前翅通常具 2 条白色横带，白色仅见于翅脉处。

寄主为多种杨树。

分布：北京、山东。

凹缘菱纹叶蝉 *Hishimonus sellatus*（Uhler，1896）

体连翅长 3.9-4.6 毫米。体型宽阔，最宽处位于翅中部；头阔，中长约为前胸背板一半。头、前胸黄绿色或与翅面同色；前翅灰白色，遍布褐色斑点，后缘中部具褐色三角形大斑，翅收拢时呈现菱形斑纹，菱斑内翅后缘处具浅色斑纹；翅端部具褐色斑。

寄主植物多样，在园区可取食构树、大叶黄杨、榆等。

分布：北京、陕西、甘肃、辽宁、河北、山西、河南、山东、江苏、安徽、浙江、江西、福建、台湾、湖北、广东、广西、四川、重庆、贵州；日本，朝鲜，俄罗斯，阿富汗。

32. 蜡蝉科 Fulgoridae

斑衣蜡蝉 *Lycorma delicatula*（White，1845）

体长 14-22 毫米。成虫体黑色，腹部黄色，常被白色蜡粉；前翅青灰色至灰褐色，基部 2/3 散布大型黑色圆点，端部 1/3 黑褐色具浅色翅脉；后翅鲜艳，基部红色具黑色圆点，中部白色或蓝色大斑，端部黑色。低龄若虫体黑色具白点，老龄若虫体红色具黑白两色斑纹。

北京平原地区十分常见且醒目的昆虫，善跳跃。在北京成虫见于7-9 月，最喜取食臭椿，也见于毛白杨、柳、爬山虎等植物上。

分布：北京、陕西、甘肃、河北、山西、河南、江苏、浙江、安徽、山东、台湾、湖北、广东、广西、四川、贵州、云南；日本，东南亚，南亚。

33. 广翅蜡蝉科 Ricanidae

透翅疏广翅蜡蝉 *Euricania clara* Kato，1932

体长 5-6 毫米，翅展 22-26 毫米。前翅透明，翅脉黑褐色；前缘区黑色不透明，近中部具 1 黄褐色显著斑点，其后具 1 小白斑，近端 1/4 处具 1 黄褐色不明显的斑点；亚前缘区褐色半透明。后翅透明，无明显斑纹。若虫集群生活，腹部具细长蜡丝。

见于北京平原地区，寄主植物有刺槐、板栗、珍珠梅、桑、蔷薇等。成虫偶尔被灯光吸引。

分布：北京、陕西、甘肃、辽宁、河北、安徽、山东、香港、重庆、四川、贵州、云南、西藏；日本。

34. 象蜡蝉科 Dictyopharidae

月纹象蜡蝉 *Orthopagus lunulifer*（Uhler，1896）

体长 7-9 毫米，翅展 15-20 毫米。体黄褐色，头顶略延长形成短突，头长约为中胸背板一半。活体复眼具数条横纹；头冠背面蓝灰色，中央具黑纵纹，具 3 条纵脊；中胸背板具 5 条蓝绿色纵纹，两侧纵纹短小，时有消失；小盾片端部白色。翅透明，除翅痣外，翅外缘至臀角具黑斑，后缘基部褐色。

寄主为桑、火炬树等。

分布：北京、江苏、台湾；日本，朝鲜。

伯瑞象蜡蝉 *Raivuna patruelis*（Stål，1859）

体长 8-11 毫米，翅展 15-20 毫米。体翠绿色，头顶强烈延长呈角突，头长约等于前胸、中胸之和。活体复眼具数条横纹，头冠背面和腹面具 3 条蓝绿色纵纹；前胸和中胸背板具 5 条蓝绿色纵纹；翅透明，前翅具醒目黑色翅痣，翅脉于翅基部褐色，端部黑色。

偶见于低矮草本植物上，记载寄主植物有水稻、甘蔗、桑、苹果、甘薯。

分布：北京、陕西、吉林、辽宁、山东、江苏、浙江、江西、福建、台湾、湖北、广东、海南、四川、云南；日本，马来西亚。

35. 瓢蜡蝉科 Issidae

恶性席瓢蜡蝉 *Dentatissus damnosus*（Chou & Lu，1985）

体长 4.6-5.3 毫米；体棕褐色，无显著斑纹，体背及前翅覆盖褐色蜡粉；体形短宽，前翅平坦，呈屋脊状覆盖体背；复眼大而突出；前胸背板后缘平直，中胸盾片三角形；前胸背板中线两侧各具 1 小凹陷；后足胫节具 2 个侧刺。

寄主植物多样，汉石桥湿地主要有榆、悬铃木、国槐、桑、杨、苹果、小叶女贞等。

分布： 北京、陕西、辽宁、山西、山东、江苏、湖北、四川、贵州、云南。

36. 飞虱科 Delphacidae

大斑飞虱 *Euides speciosa*（Boheman，1845）

体长 5.6-6.5 毫米；体灰白色至浅褐色，前翅淡黄色，几乎透明，基部具三角形黑色斑纹，中部具 1 黑色斜带，自前缘中部延伸至后角，后缘中部及前角附近通常各具 1 狭长小黑斑。触角第 2 节延长；中胸背板具 3 条纵脊。

寄主为芦苇，成虫发生期短，主要见于 6 月下旬，但在汉石桥湿地灯诱时数量巨大，是湿地芦苇的主要害虫之一。

分布： 北京、吉林、河北、江苏、上海；日本，朝鲜，俄罗斯，欧洲。

灰飞虱 *Laodelphax striatellus*（Fallén，1826）

体长 3.5-4.2 毫米。体浅褐色；头顶窄，略突出于复眼前缘，颜面黑色或具黑色纵纹；前胸背板侧脊于近后缘前消失；中胸背板在雄性中均为黑色，在雌性中中央浅褐色；腹部背板黑色。翅透明，翅脉浅褐色，前翅后缘中部具横向黑斑。

是小麦、水稻等禾本科农作物的重要害虫，也取食禾本科杂草。

分布：全国广泛分布；东亚，东南亚，欧洲，北非。

37. 菱蜡蝉科 Cixiidae

瑞脊菱蜡蝉 *Reptalus* sp.

体长 6 毫米；体褐色与黑灰色相间。头顶与前胸黑灰色，隆脊红褐色；中胸背板均一黑色，具 5 条纵脊；翅半透明，翅脉褐色，具黑色颗粒，前翅近端部具 7 个横脉形成的小黑斑，翅痣白色，其末端具小黑斑。

北京 6 月末偶见于湿地低矮草本植物上。

分布：北京。

脊菱蜡蝉 *Oliarus* sp.

体长5毫米。体浅黄褐色；头冠端部具深褐色小斑；中胸背板菱形，中央具5条纵脊；翅透明，翅脉浅褐色，前翅端部翅脉具黑色晕纹，翅痣黑色。

北京6月初偶见于灯下。

分布：北京。

38. 木虱科 Psyllidae

桑异脉木虱 *Anomoneura mori* Schwarz，1896

成虫体长4.2-4.7毫米，体黄绿色，前胸及中胸背板略带黄色；触角黄褐色，自第4节起各节端部带黑色；翅透明，翅脉黄色，前翅散布细小褐色斑点，自前缘端1/3至后缘中部具1列黑褐色短缘纹。前翅翅脉较多，R分4-5支，伸达顶角；M分2-3支，与R之间具横脉；Cu分2支。

该种寄主为桑，若虫分泌长蜡丝，集群生活，在叶背和顶梢危害，常造成叶片卷叶。

分布：北京、山西、内蒙古、辽宁、山东、河南、陕西、四川、湖北、湖南；朝鲜，韩国，日本。

Cyamophila hexastigma（Horváth，1899）

成虫体长 3.0-3.5 毫米，体浅绿色，前胸及中胸背板略带黄色；触角褐色，第 4-8 节端部及末 2 节黑色；翅透明，翅脉黄绿色，前翅前缘翅脉间依次具 5-6 个黑斑；前翅主脉分为 3 支，各再次分为 2 支。冬型成虫深褐色。

该种寄主为国槐及其各变种，多生活于叶背和嫩枝；成虫具趋光性。国内此前记载的槐豆木虱 *Cyamophila willieti*（Wu，1932）为该种的同物异名。

分布：北京、陕西、甘肃、宁夏、内蒙古、吉林、辽宁、河北、山西、河南、山东、江苏、浙江、湖北、湖南、广东、四川、贵州、云南、台湾；日本。

39. 蚜科 Aphididae

桃粉大尾蚜 *Hyalopterus pruni*（Geoffroy，1762）

无翅孤雌蚜体长 1.5-2.6 毫米。触角 6 节，短于体长。无翅孤雌蚜无次生感觉圈。前胸、腹部第 1 节及第 7 节具缘瘤。腹部第 7 背片的缘瘤位于气门的后背面。腹管明显短于尾片，基部有缢缩，无缘突，末端圆形，开口小。前翅中脉二分叉。

其原生寄主为杏、梅、桃、李和榆叶梅等蔷薇科植物；次生寄主为禾本科植物，图中寄主为芦苇。

分布：全世界广布。

侧管小长管蚜 *Macrosiphoniella atra*（Ferrari，1872）

无翅孤雌蚜体长 2.5-3.3 毫米。体椭圆形，活体黑色，有光泽。头部、前胸背板、中胸背板、后胸背板黑褐色，后胸背板有中、侧、缘斑各 1 对；腹部淡色，有黑斑，腹部第 8 背片呈横带，其余各节有大型毛基斑，腹管前斑呈半环形宽带。

寄主植物为菊科蒿属植物，在茎、叶为害。

分布： 北京、河北；日本。

月季长管蚜 *Longicaudus trirhodus*（Walker，1849）

无翅孤雌蚜体长 2.0-2.7 毫米。体长卵圆形。额瘤微隆。有翅孤雌蚜有黑色背斑。缘瘤缺或小。触角 6 节，短于身体，无翅孤雌蚜缺次生感觉圈，有翅孤雌蚜触角第 3 节有多数突起的次生感觉圈，分布全长；触角第 3 节长于第 4、5 两节之和。喙末节短而钝。尾片细长。

本种春季在蔷薇属植物嫩梢、嫩叶反面和花序上，有时大量发生，盖满嫩梢。以卵在蔷薇属植物幼枝上越冬。在华北，早春蔷薇和月季发芽时孵化，4 月下旬至 5 月上旬发生，有翅孤雌蚜向次生寄主唐松草上迁飞为害。10 月上中旬，有翅雄性蚜和无翅雌性蚜在蔷薇属植物上交配、产卵越冬。

分布： 北京、辽宁、浙江、山东、新疆；朝鲜。

声蚜 *Toxoptera* sp.

腹部第 1 节的缘瘤位于第 1、2 两节气门之间正中，腹部第 7 节的缘瘤位于气门的腹面。有发声器：腹部第 5、6 两节腹板两侧体壁的横长网纹比其余部分暗且粗，有齿；后足胫节除通常的长毛外，还有 1 纵列短刺；二者相互摩擦，可以发声。额瘤明显。

分布：中国广泛分布，寄主涉及 100 余科植物。

40. 绵蚧科 Margarodidae

草履蚧 *Drosicha corpulenta*（Kuwana，1902）

雌虫无翅，体长 7.8-10 毫米；体长圆形，腹部分节明显；体棕红色至深褐色，体缘橙黄色至红色；触角黑色，8-9 节，端节最长；体背常被有蜡粉。雄虫具 1 对前翅，翅黑色，不透明，翅脉 4 条；后翅退化；体粉红色；触角黑色，具环毛；腹部扁平，末端具 4-6 根长丝。

本种为北京平原地区常见害虫，寄主广泛，包含多种园林绿化树种及果树。雌性成虫全年可见，雄虫多见于四五月。

分布：北京、河北、辽宁、山东、陕西、山西、甘肃、青海、西藏、江苏、湖北、湖南、江西、广东。

41. 仁蚧科 Aclerdidae

宫苍仁蚧 *Nipponaclerda biwakoensis*（Kuwana，1907）

　　成虫体被薄膜，深棕色，体形常随栖居情况而变化。在较分散的情况下，体扁平，多呈长椭圆形，体长可达9毫米。在密集的情况下，虫体多呈不规则状，个体大小悬殊，小者体长只有2.5毫米，但体躯明显增厚。体表光滑，无明显体节，体周围常有粉状蜡质。触角呈瘤状小突起，喙1节；前后胸气门发达；臀裂很短。

　　寄主为芦苇，多见于芦苇各节间中下部，1年发生多代，以成虫越冬。

　　分布：北京、河北、山东、江苏、上海；韩国，日本。

42. 草蛉科 Chrysopidae

大草蛉 *Chrysopa pallens*（Rambur，1838）

　　体长11-14毫米；体绿色或黄绿色；头部黄绿色，头部前端具2-7个黑斑，头顶无斑；胸部背面中央具黄色纵带；触角短于前翅，鞭节褐色；前翅前缘横脉列黑色，翅基部亦有黑色横脉。

　　成虫和幼虫捕食多种昆虫，如蚜虫、蚧虫等。

　　分布：中国大部分省区均有分布；日本，朝鲜，俄罗斯，中亚，西亚，欧洲。

丽草蛉 *Chrysopa formosa* Brauer，1850

体长 8-11 毫米；体绿色或黄绿色；头部黄绿色，头部前端具 6 个黑斑，头顶具 3 个黑斑，排成三角形；前胸背板绿色，胸部背面中央具黄色纵带；触角短于前翅，鞭节褐色；前翅前缘横脉列黑色，翅基部亦有黑色横脉。

捕食多种蚜虫。

分布：中国广泛分布；日本，朝鲜，蒙古国，俄罗斯，中亚，欧洲。

中华通草蛉 *Chrysoperla sinica*（Tjeder，1936）

体长 9-10 毫米；体黄绿色，越冬成虫为土黄色，具红褐色斑纹；头部前端具 4 个黑斑，头顶无黑斑；前胸背板绿色，两侧多具褐色或黑色斑纹，胸部背面中央具黄色纵带；触角短于前翅，鞭节褐色；前翅前缘横脉列绿色，近后端褐色，翅基部横脉均为绿色。

成虫和幼虫捕食多种昆虫，如蚜虫、蚧虫、叶螨等。

分布：中国东部大部分省区均有分布；日本，朝鲜，俄罗斯，蒙古国，菲律宾。

43. 褐蛉科 Hemerobiidae

满洲益蛉 *Symperobius manchuricus* Nakahara，1960

体小型，前翅长 3.7-5.1 毫米。头部深褐色，无明显斑点。胸部褐色，背板中央具浅色带斑。足黄褐色，无斑。前翅椭圆形，翅面基本呈均一的浅褐色，仅在横脉处具褐斑，后缘间断分布有亮斑。前翅具 2 支从 R 脉分出的 Rs 脉。腹部黄褐色。

分布：中国北方；蒙古国，俄罗斯。

全北褐蛉 *Hemerobius humuli* Linnaeus，1758

体中型，前翅长 6.6-7.5 毫米。头部黄褐色，复眼后方沿两颊至上颚具褐带。胸部浅褐色，沿背板两侧具褐色纵带，前方与头部后方褐带相连。足黄褐色，后足胫节端部具梭形褐斑。前翅椭圆形，翅面黄褐色，具不明显褐纹，1m-cu 横脉处及 CuA 脉第 1 分叉处具褐色小圆斑；纵脉黄褐色，具明显褐色间隔，横脉除最下方内阶脉组透明外，其余均为褐色。腹部黄褐色。

分布：世界广布。

日本褐蛉 *Hemerobius japonicus* **Banks，1940**

体中型，前翅长 6.5-7.9 毫米。头部黄褐色，复眼后方沿两颊至上颚具褐带。胸部浅褐色，沿背板两侧具褐色纵带，前方与头部后方褐带相连。足黄褐色，无斑。前翅椭圆形，翅面黄褐色，具褐纹，外缘及后缘色略加深，1m-cu 横脉处具褐色小圆斑；纵脉黄褐色，具明显褐色间隔，横脉除最下方内阶脉组透明外，其余均为褐色。腹部黄褐色。

分布：中国广布；日本。

44. 龙虱科 Dytiscidae

宽缝斑龙虱 *Hydaticus grammicus*（Germar，1827）

中小型龙虱，成虫体长 9.5-11 毫米。体黄褐色，具黑色斑纹，长椭圆形，体背光洁，强烈隆拱；上唇、唇基浅黄色，后头大部黑色；前胸背板大部黄褐色，前缘或后缘中部有时具黑色斑块；鞘翅具由小黑点组成的纵向条纹，内缘条纹较宽且颜色较深，侧缘条纹较窄且杂有较多黄色斑点，侧缘黄色。腹面、足红褐色。

成虫及幼虫均为水生，捕捉水生昆虫或其他小动物，在汉石桥湿地成虫七八月可见于灯下。

分布：北京、河北、黑龙江、湖北、海南、江西、吉林、辽宁、四川、云南；日本，朝鲜，印度，中亚，欧洲。

双带短褶龙虱　*Hydroglyphus licenti*（Feng，1936）

小型龙虱，成虫体长仅2.0-2.3毫米。体背具黑黄两色斑纹，披白色长毛，体形长椭圆形，强烈隆拱；头及前胸背板大部红褐色，前胸背板具黑色横向斑纹，斑纹不达前胸侧缘；鞘翅底色黄褐色，翅缝全为黑色，鞘翅后部具大型锯齿状黑斑，黑斑不与鞘翅侧缘相接；近鞘翅缝具深条沟，条沟不到达鞘翅基部，其余条沟不显。

分布：北京、黑龙江、甘肃、陕西、浙江、江西、湖南、广东、广西、贵州、四川、台湾。

小雀斑龙虱　*Rhantus suturalis*（MacLeay，1825）

成虫体长10-12毫米。体背大部暗褐色，鞘翅无显著斑纹，长椭圆形，体背光洁，强烈隆拱；头大部黑色，唇基及额具浅色斑纹，并由1条浅色纵线相连；前胸背板斑纹变化较大，一般底色为浅色，中央之后具2条横向黑纹；鞘翅底色浅黄，密布深色细点，呈云纹状；每鞘翅隐约可见2条深色纵纹，近端部常具1对小黑斑。

北京地区十分常见的中小型龙虱，见于各类水体中，捕捉水生昆虫或其他小动物，夜间可被灯光吸引。

分布：中国广泛分布；国外广布于欧洲、亚洲、大洋洲。

45. 步甲科 Carabidae

云纹虎甲 *Cylindera elisae*（Motschulsky，1859）

体长 7.0-9.5 毫米，体色暗铜色至暗绿色，具金属光泽，腹面金属绿色；上唇米黄色至浅褐色，具中齿，刚毛多且排列不规则。每鞘翅具 3 组狭窄白色斑纹：靠近肩部的 1 组较短，C 形，内侧膨大；中央 1 组长且强烈向后弯曲，中部有时间断；端部 1 组短而向前方弯曲；鞘翅侧缘具间断的狭窄白边。

该种在北京平原地区常见，多见于水边环境。

分布：北京、河北、甘肃、河南、江苏、江西、吉林、内蒙古、青海、广东、四川、云南、西藏；朝鲜，蒙古国。

斜纹虎甲 *Cylindera obliquefasciata*（Adams，1817）

体长 7.5-9.0 毫米，体色深绿色至黑色，腹面金属蓝色。鞘翅中部具完整的倾斜条纹，条纹不明显弯曲，中部不中断；鞘翅近端部具很细的钩状斑纹。该种可依据蓝色的腹面和鞘翅倾斜的条纹与北京其他小型虎甲相区分。

北京地区十分常见的小型虎甲，多见于北京山区或城市水边。

分布：北京、甘肃、河北、黑龙江、河南、吉林、辽宁、内蒙古、青海、山东、陕西、新疆；俄罗斯，印度，中亚。

晦明虎步甲 *Asaphidion semilucidum*（Motschulsky，1862）

小型步甲，体长3-4毫米，体通常呈金属黄铜色，有时略带绿色光泽；触角褐色，向端部颜色渐深，复眼强烈突出；前胸背板具粗密刻点，后角锐角，突出；鞘翅具密刻点及白色鳞毛，其间分布有数个无刻点及鳞毛的光洁斑块，此斑块于鞘翅后部更多；各足黄褐色，股节具金属光泽。

虎步甲属复眼强烈突出，外观似小型虎甲，见于水边或潮湿的树干上。

分布：北京、上海；日本，俄罗斯远东。

小虎步甲 *Asaphidion sp.*

体长约2.5毫米，体背金属暗绿色，复眼强烈突出，鞘翅具无刻点及鳞毛的光洁斑块。此种与晦明虎步甲外观接近，但个体明显更小，且体色不同，前胸背板后角突出不明显，前胸及鞘翅的刻点较细。

该种于汉石桥湿地仅见于生有芦苇的泥地区域，白天奔跑迅速。

分布：北京。

革青步甲 *Chlaenius alutaceus* Gebler，1829

体长 13-14 毫米，体全部亮黑色，无青绿色；口须光洁，圆筒形；前胸背板宽大，半圆形，后角钝圆，侧缘均匀圆弧，前胸背板前部光洁，基部具粗密刻点及绒毛；鞘翅无光泽，被密毛，条沟较浅；各足有毛刺，跗节背面仅有稀疏短毛，爪简单。

该种在汉石桥湿地较为罕见，体色与其他青步甲差别较大。

分布：北京、河北、黑龙江、辽宁、江苏、内蒙古、山东；韩国，日本，俄罗斯。

黄斑青步甲 *Chlaenius micans*（Fabricius，1792）

体长 13-16 毫米。体背深绿色，头、前胸背板和小盾片具红铜色金属光泽，鞘翅后部每侧各具 1 大黄斑，近圆形，后端略突伸，占据 3-8 行距。前胸背板平坦，前缘微凹，后缘平直，侧缘弧圆，最宽处约在中部，盘区密被刻点，基凹深且狭长；鞘翅条沟深，行距平坦，刻点细密；体腹面被毛。

北京地区最常见的青步甲之一，多在农田周围活动，白天躲藏在遮蔽物下面。

分布：北京、河北、辽宁、内蒙古、宁夏、青海、陕西、山东、河南、江苏、安徽、湖北、江西、湖南、福建、台湾、广东、广西、四川、贵州、云南；朝鲜，印度，斯里兰卡，印度尼西亚。

狭边青步甲 *Chlaenius inops* Chaudoir，1856

体长 10-12 毫米。体背绿色，具光泽，鞘翅侧缘黄边仅占据 1 行距宽度，黄边于端部加宽形成黄色宽纹，直达翅端。头部无毛，具细刻点，触角浅黄色；前胸背板圆形，中央具粗大刻点及绒毛，前缘附近接近光洁，后角显，略突出；鞘翅表面密被细刻点及绒毛，行距平坦。

此种为小型青步甲，多在水边湿地活动，可短距离游泳。

分布：北京、浙江、贵州、广东、云南、河北、陕西、山西、河南、湖北、上海、浙江、福建、江苏、安徽、四川、江西、湖南、广西、辽宁、黑龙江、内蒙古。

长毛蚜步甲 *Lachnocrepis prolixa*（Bates，1873）

体长 10.5-11.5 毫米。体全为黑色，体背哑光质地。体长卵圆形，体长约为最宽处的 2.5 倍，前胸基部与鞘翅基部等宽。头部小；前胸背板半圆形，后角处颜色与盘区相同，基部两侧无可见凹陷区；鞘翅平坦，条沟细，无刻点，行距不隆起，侧缘毛穴列位于一深沟内；触角及各足均为黑色；第 5 跗节腹面具刚毛列。

北京地区较少见的步甲，仅见于平原区水边环境。

分布：北京；日本，俄罗斯远东。

缘捷步甲 *Badister marginellus* Bates，1873

体长 5-6 毫米。头部黑色；前胸背板红棕色；鞘翅盘区深褐色，无显著斑纹，两侧边缘红棕色。上颚短而钝，两上颚不对称；上唇双叶状，中央深凹；前胸背板宽，最宽处在中部之前的 1/3 处；鞘翅条沟较浅，第 3 行距具 2 毛穴。

该种在北京仅见于平原地区，较少见。

分布：北京、湖北、陕西、甘肃、河南、上海。

大卫偏须步甲 *Panagaeus davidi* Fairmaire，1887

体长 9-12 毫米。体背面大部黑色，鞘翅具 4 枚橙红色大斑，前斑明显大于端斑，中央具黑色横带，带宽约等于后红斑宽；前胸背板多粗大刻点，具黑色长毛；鞘翅刻点行十分粗；各足及触角黑色；口须末节强烈膨大，三角形，着生于次末节端部侧面。

美丽而不常见的步甲，在北京偶见于平原及山区。

分布：北京、河北、吉林、河南、湖北；朝鲜。

棒婪步甲 *Harpalus bungii* Chaudoir，1844

体长 8-10 毫米；体卵圆形。体背黑色，有时带红棕色，各足及触角红棕色。各足跗节背面无毛；前胸背板光洁，基凹纵线状，仅基凹处具少量刻点；后足股节近后缘处具 4-5 根刚毛；腹部第 4-6 节腹板除原生刚毛外不具毛。

北京平原地区十分常见的婪步甲，但山区少见。

分布：北京、河北、黑龙江、辽宁、内蒙古、山西、陕西、四川；日本，朝鲜，蒙古国，俄罗斯。

铜绿婪步甲 *Harpalus chalcentus* Bates，1873

体长 12-14 毫米，体形较狭长。体背具明显的金属光泽，雄性呈铜绿色，雌性暗铜色；各足黑色；触角红棕色。各足跗节背面无毛；体背无毛；前胸背板基凹区宽阔，基部遍布刻点；鞘翅第 3 行距具 1 毛穴；腹部第 3-5 节腹板两原生刚毛外侧具纤毛。

婪步甲属中较少见的具色彩的物种，偶见于北京平原地区。

分布：北京、河北、吉林、宁夏、甘肃、陕西、江苏、浙江、江西、四川、福建、广东、广西、贵州、湖北、湖南；朝鲜，日本。

直角婪步甲 *Harpalus corporosus*（Motschulsky，1861）

体长 11-16 毫米；体形宽阔；体背黑色，有光泽，雌性鞘翅哑光；各足深红棕色至黑色。跗节背面光洁；体背无毛；前胸背板后角接近直角；基凹浅而宽阔，圆；沟内具刻点；腹部第 4、5 节腹板原生刚毛外侧各具数根次生刚毛。

十分常见的中大型婪步甲，可依据十分宽阔的体形及前胸基部刻点区范围较大而与该属其他物种区别。

分布：北京、河北、黑龙江、辽宁、内蒙古、甘肃、宁夏、山西、陕西、青海、湖北、四川；日本，朝鲜，俄罗斯。

红缘婪步甲 *Harpalus froelichii* Sturm，1818

体长 8.5-10 毫米；体近卵圆形；体背大部黑色，具光泽，前胸背板侧缘和鞘翅侧后缘至端缘红棕色；足深红棕色至黑色。跗节背面无毛；体背光洁；前胸背板后角直，基凹较深，呈纵沟，仅基凹和侧缘附近具刻点；后足股节近后缘具刚毛 8 根以上；腹部第 3-5 节腹板外侧具较多的纤毛或刚毛。

该种多见于北京平原地区，可根据腹部被毛较多与相似种相区分。

分布：北京、河北、黑龙江、内蒙古、山西、陕西、宁夏、甘肃、新疆；蒙古国，俄罗斯，欧洲。

黄鞘婪步甲 *Harpalus pallidipennis* Morawitz，1862

体长 9.5-10.5 毫米。头及前胸背板深棕色，有光泽；鞘翅色彩不均匀，具由深棕色及棕黄色形成的不规则碎斑纹。跗节背面无毛；体背光洁；鞘翅第 3 行距通常具 3-4 个毛穴，有时 2 个或 5 个，端凹一般较深，外端角明显。

北京地区十分常见的步甲，可根据鞘翅特殊的色彩与其他婪步甲相区分。

分布：北京、河北、天津、吉林、辽宁、甘肃、内蒙古、山西、陕西、山东、浙江、福建、广西、四川、云南、西藏；蒙古国，俄罗斯，朝鲜，日本。

草原婪步甲 *Harpalus pastor* Motschulsky，1844

体长 12-13.5 毫米；体背黑褐色至红棕色，触角及足棕黄色；前胸背板不被毛，后角直角状，顶端略突出呈小齿；鞘翅仅两侧和端部具纤毛，第 7 行距包括亚端孔在内具 2-3 个毛穴；跗节背面被绒毛；前足胫节端距简单，不呈三齿状，侧缘呈钝角状突起。

北京农田区十分常见的步甲，夜间可被灯光吸引。

分布：北京、河北、山西、内蒙古、山东、湖北、湖南、福建、贵州。

毛婪步甲 *Harpalus griseus*（Panzer，1796）

体长 9.0-12.5 毫米；体背黑褐色，头和前胸背板有光泽，鞘翅暗；鞘翅侧后缘至端缘和足棕色。前胸背板两侧和基侧区被绒毛，盘区无绒毛或刻点；鞘翅全部密被绒毛及刻点，绒毛金黄色；负唇须节腹面纵脊不偏向外侧；唇基上仅 2 根刚毛；跗节背面被绒毛。

常见于北京平原及山区，可根据较小的体型及鞘翅均匀被绒毛与绝大多数相似物种相区分。

分布：北京、河北、黑龙江、吉林、辽宁、内蒙古、甘肃、新疆、山西、陕西、山东、河南、江苏、湖北、浙江、福建、台湾、江西、广西、四川、贵州、云南；越南，日本，中亚，俄罗斯，欧洲，北非。

麦穗斑步甲 *Anisodactylus signatus*（Panzer，1797）

体长 11-13.5 毫米；体背大部黑色，鞘翅光泽暗淡；触角、足黑色；头顶于复眼间通常具 1 横长红色斑点。雄性前足、中足跗节腹面具不分列的海绵状黏毛；后足第 1 跗节明显长于第 2 跗节；前胸背板后角钝圆，基凹宽而浅，界限不明显，整个前胸背板基部密布粗糙刻点；鞘翅第 3 行距无毛穴。

该种与婪步甲属外观相似，但可根据头部通常具红斑、雄性跗节黏毛不分列与其相区分。

分布：北京、黑龙江、吉林、辽宁、宁夏、甘肃、内蒙古、新疆、河北、江苏、西藏；蒙古国，朝鲜，日本，俄罗斯，欧洲。

耶氏狭步甲 *Oxycentrus jelineki* Ito，2006

体长 8-9 毫米；体形十分狭长，体两侧平行；体背黑褐色至红棕色，鞘翅侧缘及翅缝处有时呈红褐色；各足及触角黄褐色；前胸背板基部变窄，后角不突出，基凹狭，具少量刻点；颏具狭长中齿；小盾片条沟十分短；各足跗节背面具稀疏绒毛。

该种偶见于北京平原区及城区。

分布：北京、陕西。

背黑狭胸步甲 *Stenolophus connotatus* Bates，1873

体长 8-9 毫米；头、前胸背板大部黑色，前胸侧缘具棕黄色条带，条带到达后角处；鞘翅大部棕黄色，具虹彩光泽，中央具椭圆形黑斑；足、触角、口须黄色。下唇须亚端节里缘毛 2 根；颏无中齿；鞘翅有小盾片行；鞘翅第 9 行距毛穴在中部中断，形成较大间隔。

美丽而较少见的步甲，偶见于灯下。

分布：北京、黑龙江、福建、江西、四川；朝鲜，日本，俄罗斯。

栗翅狭胸步甲 *Stenolophus castaneipennis* Bates，1873

体长 7-8 毫米；体背黑色，鞘翅有时呈深褐色，鞘翅具明显虹彩光泽；前胸及鞘翅侧缘褐色；各足黄褐色；触角除第 1 节之外黑色。前胸背板近圆形，后角不显；下唇须亚端节里缘毛 2 根；颏无中齿；鞘翅有小盾片行；鞘翅第 9 行距毛穴在中部中断，形成较大间隔。

分布：北京、黑龙江、安徽、福建、江苏、江西、四川、陕西、上海、山东、浙江、云南；朝鲜，韩国，日本，东南亚。

巨暗步甲 *Amara gigantea*（Motschulsky，1844）

体长 20-22 毫米，体黑色，雄性鞘翅具强烈光泽，雌性光泽略暗淡。触角自第 4 节起具绒毛，短，约到达前胸基部，复眼上方具 1 根刚毛，下唇须次末节内缘具多根刚毛。前胸较短，基凹区密被细刻点，外侧具纵脊；前胸后角尖锐，略向外侧突出。

见于北京平原及山区，可根据较大的体型及前胸背板较短与其他步甲相区分。

分布：北京、河北、黑龙江、吉林、辽宁、山西、陕西、甘肃、内蒙古、山东、上海、江西、四川；蒙古国，朝鲜，韩国，日本，俄罗斯。

小头通缘步甲 *Pterostichus microcephalus*（Motschulsky，1860）

体长 9.5-11 毫米。前胸背板近方形，前角十分尖锐，强烈向前方突出；后角近直角，端部通常具小齿；前胸基凹浅，略凹，基凹内具刻点，基凹外侧脊不明显。鞘翅条沟略深，沟底具很细的刻点。后翅通常发达。

常见于平原及山区，但数量不大，可依据前胸背板前角十分尖锐与相似步甲快速区分。

分布：黑龙江、吉林、辽宁、北京、河北、内蒙古、山西、江苏、浙江、安徽、湖北、湖南、江西、福建、贵州、广东、广西；俄罗斯，日本，蒙古国，朝鲜，韩国。

烁胸脊角步甲 *Poecilus nitidicollis* Motschulsky，1844

体长 11-13 毫米；体色通常为金属铜色，有时颜色较深或略带绿色；触角基部 3 节均为黄色，4-11 节颜色明显加深。触角第 1-3 节内侧具脊；鞘翅第 3 行距具 3 毛穴，靠近基部的 1 个或 2 个毛穴靠近第 3 条沟，其余毛穴靠近第 2 条沟；后翅发达；中足股节后缘具 2 根刚毛；后足跗节内侧具明显的脊。

分布：北京、黑龙江、吉林、河北、天津、内蒙古、江苏、河南、上海；蒙古国，俄罗斯。

黑缘屁步甲 *Pheropsophus marginicollis* Motschulsky，1854

体长 13-19 毫米。体黑黄两色：头黄色，头顶具近五边形黑斑，黑斑不到达后头；前胸背板周缘黑色，中线黑色或中断；鞘翅周缘黑色，中央黄斑强锯齿状；各足黄色，股节端部及跗节黑色。鞘翅具纵脊，端部平截，露出腹部端部。

屁步甲属成虫受惊吓后会于腹部末端喷出高温液体灼伤天敌。成虫常见于农田或水边，幼虫以蝼蛄卵块为食。耶屁步甲 *Pheropsophus jessoensis* 在北京更为常见，该种个体略小，头部黑斑到达后头，前胸及鞘翅周缘黄色。

分布：北京、黑龙江。

46. 水龟虫科 Hydrophilidae

欧亚凹唇水龟 *Spercheus emarginatus* Schaller，1783

体长 5.5-7.0 毫米；体背隆凸，卵圆形；体黄褐色，鞘翅颜色略浅，中央具不规则黑色斑纹。各足简单，不为游泳足；头部宽，于眼后缢缩；雄性唇基强烈内凹，雌性唇基仅略内凹；鞘翅表面刻点列排列不甚规则。

凹唇水龟是一类十分特殊的水生甲虫，其所在亚科全世界仅 20 种。具有鞘翅目中十分罕见的食性：它们生活于水面下，利用口器过滤接近水面的微小生物。

分布：北京、黑龙江；欧洲，西亚，中亚，俄罗斯。

钝刺腹水龟　*Hydrochara affinis*（Sharp，1873）

体长 14-15 毫米。体长圆形，体背明显隆起。体黑色，略具光泽，无明显斑纹。触角短，棒状，红褐色，棒节除基部外黑色；下颚须长，红褐色；前胸腹板具纵脊，后端不形成长刺；中后胸隆起呈发达脊状，前端于中胸腹板处具缺刻，后端形成短腹刺，到达第 1 腹板中部，端部钝。

汉石桥湿地见到的最大型的水龟虫；幼虫水生，杂食性，六七月灯下可见成虫。

分布：北京、河北、黑龙江、吉林、辽宁、内蒙古、甘肃、安徽、广东、广西、贵州、河南、湖北、湖南、江西、四川、上海、山东、山西、新疆、浙江、云南；俄罗斯，韩国，朝鲜，蒙古国，日本，中亚。

双色苍白水龟　*Enochrus bicolor*（Fabricius，1792）

体长约 7 毫米。体近圆形，体背明显隆起，腹面平坦。体黄褐色，无明显斑纹，前胸背板后角处颜色较浅。触角锤状，下颚须长于触角长度；小盾片长小于宽；鞘翅有明显的翅缝纹，无额外刻纹；中足、后足胫节无长游泳毛；腹面中央无纵脊及刺突。

该种水龟虫在汉石桥湿地数量较大，多见于六七月。

分布：广泛分布于欧亚大陆。

脊梭腹水龟　*Cercyon laminatus* Sharp，1873

体长 3.2-4.0 毫米。体黄褐色，头部及触角锤状部黑色，鞘翅中央颜色有时略深；腹面黑褐色。下颚须略短于触角；头侧缘在复眼之前凹陷；中胸腹板隆起呈脊状，后胸腹板隆起不向中足基节之间延伸；鞘翅具 9 条刻纹，刻点细密。

该种为腐生水龟，生活于腐烂植物或粪中。

分布：北京、吉林、广东、广西、湖北、湖南、四川、陕西、上海、台湾、浙江；日本，俄罗斯，中亚，西亚，欧洲，东南亚，北美洲（引入），大洋洲（引入）。

微隐缘水龟　*Cryptopleurum subtile* Sharp，1884

体长 1.7-1.8 毫米；体卵圆形，强烈隆起；体黄褐色，头部黑褐色，鞘翅具模糊的斑纹，斑纹变化较大，但端部颜色通常较浅。下颚须略短于触角；体背稀疏被白色短绒毛；鞘翅刻纹于端部渐变为沟状。

该种以粪便为食，多见于粪堆中，成虫夜间可被灯光吸引。

分布：北京、江西、浙江、台湾；日本，俄罗斯，尼泊尔，中亚，欧洲，北美洲。

47. 阎甲科 Histeridae

朝鲜阎甲 *Hister coreanus* Ohara，1998

体长 3.7-4.0 毫米。体均一黑色，具强烈光泽。体圆形，背面拱隆；头部小，上颚发达，触角膝状，各足胫节扁平。鞘翅具 6 条纵条沟，外侧 4 条接近完整，内侧 2 条短，约为外侧条沟长度一半，位于端部；鞘翅肩部另具 1 条倾斜的短条沟。

该种见于早春地面，成虫与幼虫捕食腐生昆虫。

分布：北京；朝鲜，韩国。

48. 葬甲科 Silphidae

双斑冥葬甲 *Ptomascopus plagiatus*（Ménétriés，1854）

体长 12.5-20 毫米；体形狭长，鞘翅平截，通常露出 3 节或更多的背板；体大部黑色，鞘翅中部靠前具 1 橙红色宽带，鞘翅基部黑色，侧缘橙红色。触角黑色；前胸背板无横沟，前缘及侧缘前部具灰黄色毛；鞘翅具 2 条不明显的纵脊。

该种在北京仅分布于平原地区，常见于水边取食死鱼。

分布：北京、河北、黑龙江、辽宁、山东、内蒙古、甘肃、湖北、江苏、青海、福建、广西、台湾；朝鲜，韩国，日本，俄罗斯。

49. 隐翅虫科 Staphylinidae

梭毒隐翅虫　*Paederus fuscipes* Curtis，1823

　　体长 6.5-7.5 毫米；体橙黄色，头及腹部末 2 节黑色，鞘翅青绿色，具强烈金属光泽，密布粗大刻点。前胸背板强烈隆起，光洁，长大于宽，窄于头部；鞘翅长略大于宽，后端平截，密被黄白色短毛。

　　成虫多见于水边环境，捕食多种昆虫。该虫如被拍打流出体液，接触后可引起皮肤起泡溃烂，称为隐翅虫皮炎。但实际上它们并不咬人，如不将隐翅虫打破则不会引起皮炎。

　　分布：北京、天津、河北、山东、河南、江苏、江西、湖北、四川、台湾、福建、广东、广西、贵州、云南；广泛分布于欧洲及亚洲。

赤翅隆线隐翅虫　*Lathrobium dignum* Sharp，1874

　　体长 7.0-7.7 毫米；体形狭长；体背黑色，各足及触角棕黄色，鞘翅大部棕红色，仅基部及小盾片附近黑色；触角简单，第 1 节略短于第 2、3 节之和；头后颈部略细，约为头宽的 1/3；前胸背板具毛及粗刻点；雄性第 8 腹板后缘中央凹陷。

　　常见于水边潮湿的泥地。

　　分布：北京、吉林、山西、上海；日本。

50. 金龟科 Scarabaeidae

皱蜉金龟 *Rhyssemus germanus*（Linnaeus，1767）

体长 2.8-3.3 毫米；体形狭长；体背黑色，体表常附着有泥土而呈暗灰色；触角及足褐色。唇基前缘中央具浅凹；前胸背板具 4 条光洁的横向隆脊，后 2 条横脊中央间断，脊间满布刻点；前胸后缘具黄色鳞毛；鞘翅条沟明显，表面无鳞毛。

生活于浅层土壤，取食腐烂植物。

分布：北京、内蒙古、辽宁；俄罗斯，蒙古国，中亚，欧洲，北美洲（引入）。

黄褐异丽金龟 *Anomala exoleta* Faldermann，1835

体长 15-18 毫米；体卵圆形，强烈隆起；体背黄褐色至红褐色，具光泽。唇基长方形，前缘翘起；小盾片前端密生黄色细毛；鞘翅密生刻点，具 3 条不明显的纵肋；各足 2 爪大小不等，前中足大爪分叉；雄性触角鳃片部明显长于雌性。

幼虫危害各种林木果树及农作物的地下部分，成虫不取食。

分布：北京、河北、山西、山东、陕西、河南、黑龙江、辽宁、内蒙古、甘肃、青海。

铜绿异丽金龟　*Anomala corpulenta* Motschulsky，1853

体长16-22毫米；体卵圆形，强烈隆起；体背呈金属铜绿色，头及前胸背板色泽明显较深，鞘翅较浅，略呈铜黄色。唇基宽梯形，头面具密刻点；鞘翅密布刻点，具2条纵肋；前足胫节外缘具2齿；各足2爪大小不等，前中足大爪分叉；臀板三角形，黄褐色。

北京平原地区最常见的丽金龟之一，幼虫危害多种农作物的地下根茎，成虫取食多种经济作物的叶片。

分布：北京、河北、山西、黑龙江、吉林、辽宁、内蒙古、宁夏、甘肃、陕西、山东、河南、江苏、安徽、浙江、湖北、江西、湖南、四川；蒙古国，朝鲜，韩国。

苹毛丽金龟　*Proagopertha lucidula*（Faldermann，1835）

体长9-12毫米；体长卵圆形，背面略隆拱。体背除鞘翅之外黑色或黑褐色，通常具铜色金属光泽；鞘翅黄褐色，半透明，常有绿色闪光；前胸背板密被灰白色长立毛，腹面被浓密长毛。触角9节，鳃片部3节，雄性鳃片部延长；鞘翅具9条刻点列；中胸腹板突形成强烈刺突。

成虫于北京多见于四五月，严重危害苹果等果树的花；幼虫土栖，以腐殖质或植物根系为食，危害不显著。

分布：北京、山西、黑龙江、吉林、辽宁、内蒙古、甘肃、河北、陕西、山东、河南、江苏、安徽；俄罗斯。

黑绒绢金龟 *Maladera orientalis*（Motschulsky，1857）

体长6-9毫米；体卵圆形，背面强烈隆起；体黑褐色或棕褐色，体表晦暗，具丝绒质地光泽。唇基光泽，无丝绒质地；触角9节，鳃片部3节，雄性鳃片部长且大；前胸背板短而宽阔；鞘翅具9条刻点沟；前足胫节外缘具2齿；后足胫节2端距彼此远离；各足跗节细长，爪对称而分叉。

以成虫在土中越冬，在北京成虫多见于4月至6月初，可危害多种植物叶片，尤其喜食榆、柳、杨等。幼虫以腐殖质和嫩根为食，一般危害不显著。

分布：北京、河北、山西、黑龙江、吉林、辽宁、内蒙古、甘肃、宁夏、山东、河南、江苏、安徽；蒙古国，俄罗斯，朝鲜，日本。

福婆鳃金龟 *Brahmina faldermanni* Kraatz，1892

体长9-12毫米；体浅黄褐色，头部颜色较深，有时近黑褐色；体长圆形，两侧近平行；唇基梯形，前缘近直；触角10节；前胸背板表面密被刻点及黄色绒毛，侧缘锯齿状，中部略呈角状突出；鞘翅密布刻点及立毛，隐约可见1条纵肋；爪端部分叉。

成虫在北京多见于六七月，夜间活动，危害多种林木果树叶片。1年1代，以幼虫越冬。

分布：北京、河北、山西、辽宁、河南；俄罗斯。

华北大黑鳃金龟 *Holotrichia oblita*（Faldermann，1835）

体长 17-21 毫米，体长椭圆形，腹部鼓圆。体黑褐色至黑色，具油亮光泽。唇基短宽，前缘上弯，中部凹；触角 10 节，鳃片部 3 节，雄性显著长于雌性；鞘翅密布刻点及细皱纹，具不清晰的纵肋；臀板下部强烈向后隆起，隆凸高度达末腹板长度 1 倍，末端圆尖；前足胫节外缘 3 齿；两爪对称而具齿，爪下齿垂直于爪，位于中部。

该虫在北京 2 年 1 代，以成虫越冬，成虫多见于五六月，取食多种林木、果树的嫩叶。幼虫严重危害田间作物。

分布：北京、河北、山西、内蒙古、宁夏、甘肃、陕西、山东、河南、江苏、安徽、浙江、江苏；俄罗斯。

51. 沼甲科 Scirtidae

日本沼甲 *Scirtes japonicus* Kiesenwetter，1874

体长 3.5-4.5 毫米；体形短圆，后足股节强烈膨大，外观十分类似小型跳甲；体黄褐色至暗褐色，有时鞘翅局部颜色略浅，密被金黄色绒毛；触角丝状，基部数节黄褐色，向端部颜色逐渐变深；后足股节宽度约为腹部宽度的 1/3，胫节端部具长短不等的 2 枚端距，长者略接近第 1 跗节长度；跗节细长，第 1 跗节长于其余跗节之和。

该种在汉石桥湿地数量较大，夜间可被灯光吸引，5-8 月均可见到成虫。成虫生活在水边植物上，幼虫水生。

分布：北京、台湾；日本，俄罗斯。

52. 吉丁科 Buprestidae

构潜吉丁 *Trachys inconspicua* Saunders，1873

体长约 2.5 毫米；体形近似三角形，头部小，前胸背板短宽；体背金属铜绿色，被白色绒毛，前胸背板及鞘翅具由白色鳞毛组成的花纹；头部宽约为长的 1.5 倍；前胸背板后缘波浪状，中部向后突出，覆盖小盾片。

该种于北京见于构树上，幼虫潜叶危害。

分布：北京、江苏、福建、湖南、台湾；日本，韩国。

53. 叩甲科 Elateridae

角斑贫脊叩甲 *Aeoloderma agnata*（Candèze，1873）

体长约 4.5 毫米。体黄褐色至橙红色，头黑色，前胸背板颜色通常略深于鞘翅，中央具黑色纵带，鞘翅基部具三角形黑斑，近端部具由 3 个三角形并列组成的黑色横纹。

常见而易于识别的小型叩甲，生活于土壤中，北京七八月可见于灯下。

分布：北京、甘肃、辽宁、江西、湖北；日本，朝鲜。

54. 花萤科 Cantharidae

红毛花萤 *Cantharis rufa* Linnaeus，1758

体长 9-11 毫米。头及前胸背板黄褐色至红棕色；鞘翅颜色多变，通常为红棕色或大部黑色，仅翅缘及翅缝处褐色；触角基部 2 节红棕色，其余各节黑色；各足黄褐色。前胸背板近方形，两侧缘圆弧，后缘平直。

幼虫生活于地面，成虫见于植物叶片上，均为捕食性。

分布：北京、河北、内蒙古、黑龙江、青海、新疆；俄罗斯，朝鲜，蒙古国，中亚，欧洲，北美洲。

55. 长蠹科 Bostrichidae

洁长棒长蠹 *Xylothrips cathaicus* Reichardt，1966

体长 6-7.5 毫米；体圆筒形，两侧平行；头黑色，头顶具稠密金黄色长毛，后头无毛但具粗糙刻点；触角黄褐色，末 3 节形成端锤；前胸背板橙黄色，强烈隆起，隆顶处具粗大钩状疣突；鞘翅红褐色，表面十分光洁，端部形成斜截平面，每翅于翅斜面处具 3 个界限不清晰的瘤突。

成虫见于早春三四月，幼虫蛀食多种绿化树种。

分布：北京、河北、河南、湖北。

56. 露尾甲科 Nitidulidae

花斑露尾甲　*Omosita colon*（Linnaeus，1758）

体长 2.0-3.5 毫米；体形十分扁平，鞘翅端部不平截，仅末背板端部露出；体红褐色至黑褐色，被灰白色短毛；前胸背板侧缘弧形，无显著斑纹，侧缘颜色通常略浅，鞘翅斑纹多变，但稳定地于翅端 1/3 靠近翅缝处具 1 对浅色大斑。

成虫具趋光性，取食腐败有机物。

分布：北京、河北、山西、陕西、甘肃、青海、内蒙古、新疆；日本，朝鲜，俄罗斯，北美洲（引入）。

油菜叶露尾甲　*Xenostrongylus variegatus* Fairmaire，1891

体长 2.2-2.8 毫米；体形十分扁平，鞘翅端部不平截，仅末背板端部露出；体背密被黑、白、褐各色长绒毛组成的斑纹；胸背板中部黑色，两侧白色；鞘翅具 "V" 形黑斑；各足及触角黄色；触角棒状，端锤 3 节；各足胫节扁平。

寄主为十字花科植物，幼虫潜叶危害，是油菜、白菜等蔬菜的害虫。

分布：北京、河南、陕西；俄罗斯。

57. 锯谷盗科 Silvanidae

三星锯谷盗　*Psammoecus triguttatus* Reitter，1874

体长 2.3-2.8 毫米；体形扁平，前胸背板明显狭于鞘翅；体浅黄色，被白色绒毛；触角 7-10 节黑色；鞘翅具 3 个黑斑，其中中央黑斑位于翅缝，两侧黑斑有时消失。触角 11 节，端部数节略加粗；前胸背板基部最狭，侧缘锯齿状，沿侧缘具长刚毛；鞘翅具 10 列刻点列。

成虫具趋光性，可能取食腐生真菌。

分布：北京、黑龙江、浙江、湖南、四川；日本，朝鲜，俄罗斯。

58. 薪甲科 Latridiidae

隆背花薪甲　*Cortinicara gibbosa*（Herbst，1793）

体长 1.0-1.5 毫米。体背完全褐色，无明显斑纹，各足颜色略浅，体背密被灰白色短刚毛。体形略长，前胸背板明显宽于鞘翅，鞘翅强烈隆起。触角 11 节，端部 3 节膨大呈棒状；复眼突出；前胸背板近圆形，后角不突出，侧缘具细小锯齿；鞘翅刚毛成列排序；跗节 3-3-3。

成虫见于植物叶片上，夜间可被灯光吸引。

分布：全世界广泛分布。

59. 瓢虫科 Coccinellidae

红环瓢虫 *Rodolia limbata*（Motschulsky，1866）

体长 4-6 毫米；体圆形，体背稍隆拱，密被灰白色绒毛；头黑色，前胸背板红色，基部中央具横向黑斑，鞘翅周缘及翅缝处红色，每翅中央具宽大黑斑。幼虫橙红色，外观近似草履蚧，每节侧缘具长疣突。

成虫多见于四五月，是草履蚧的重要天敌，偶尔也捕食其他蚧虫，上图为红环瓢虫幼虫正在捕食草履蚧。下图为成虫图。

分布：北京、陕西、黑龙江、吉林、辽宁、河北、山西、河南、江苏、上海、浙江、四川、广东、广西、贵州、云南；日本，朝鲜，蒙古国，俄罗斯。

黑襟毛瓢虫 *Scymnus hoffmanni* Weise，1879

体长 1.7-2.1 毫米；体卵圆形；体背棕黄色至红棕色，被浅黄色毛；前胸背板中央具大型黑斑，此斑有时可占据前胸大部；鞘翅花纹多变，通常于基部中央具大型三角形黑斑，其端部向后延伸，翅缝完全黑色；但有时黑色区域在此基础上扩大或减少。

成虫捕食多种蚜虫，具趋光性。

分布：北京、陕西、吉林、辽宁、河北、山西、河南、山东、浙江、福建、台湾、广东、香港、广西、云南；日本，朝鲜。

黑背毛瓢虫 *Scymnus babai* Sasaji，1971

体长2.0-2.4毫米；体长卵圆形，两侧接近平行；体背被浅黄色毛；头、触角、各足、前胸背板棕黄色至褐色，前胸背板中央靠近后缘具1黑色圆斑，有时此斑扩大可占据前胸背板大部；鞘翅大部黑色，端部具很窄的棕黄色区域。触角10节；第1腹板后基线区刻点密而均匀。

成虫捕食多种蚜虫，在汉石桥湿地多见于芦苇上，夜间偶尔上灯。

分布：北京、陕西、吉林、辽宁、河北、山东、江苏、浙江、福建、湖北、云南；日本，朝鲜。

红点唇瓢虫 *Chilocorus kuwanae* Silvestri，1909

体长3.4-4.4毫米；体圆形，前胸及鞘翅敞边较明显；体背黑色，光洁无毛，每鞘翅于中部之前具1枚红色圆斑，宽度为鞘翅的2/7-4/7；腹面及各足黑色，腹部大部红褐色。

成虫捕食多种蚧虫，见于杨、柳等树干上。

分布：我国大部分省区均有分布；国外分布于日本、朝鲜、俄罗斯，人为引入北美洲、印度、意大利等地。

展缘异点瓢虫 *Anisosticta kobensis* Lewis，1896

体长 3.8-4.1 毫米；体长圆形，扁平而略隆起；体背黄白色至深黄色，头基部具 1 对大型相连的黑斑；前胸背板具 6 个黑斑，排成 2 排，前缘两侧的黑斑较小，有时消失；两鞘翅共 19 个黑斑，每翅 9 个黑斑按照 1-2-1-2-2-1 排列，另 1 个黑斑位于小盾片处，偶有鞘翅黑斑完全消失个体出现。

主要见于芦苇等水生禾本科植物上，捕食多种蚜虫。

分布：北京、陕西、内蒙古、黑龙江、天津、河北、河南、山东、江苏、浙江；日本，朝鲜，俄罗斯。

十三星瓢虫 *Hippodamia tredecimpunctata*（Linnaeus，1758）

体长 4.5-6.5 毫米；体长圆形，扁平而略隆起；体背浅黄色至橙黄色，头部大部黑色，唇基处具米黄色三角形斑；前胸背板前缘及两侧白色或米黄色，中央黑色，两侧各具 1 个小黑点；2 鞘翅共具 13 个黑斑，每翅 6 个按照 1-2-1-1-1 排列，另 1 个黑斑位于小盾片处，偶有鞘翅黑斑完全消

失个体出现；各足股节及末跗节黑色，胫节及其余跗节黄色。

常见于杂草、湿地等环境，捕食多种蚜虫。

分布：北京、陕西、甘肃、宁夏、新疆、内蒙古、黑龙江、吉林、辽宁、天津、河北、山西、山东、江苏、浙江、江西、湖北、湖南；日本，朝鲜，蒙古国，俄罗斯，伊朗，阿富汗，哈萨克斯坦，欧洲，北美洲等。

十二斑褐菌瓢虫　*Vibidia duodecimguttata*（Poda，1761）

体长 3.1-4.7 毫米；体长圆形，强烈隆起；体背橙黄色至红褐色，具白斑；头黄白色；前胸背板前缘颜色较浅，后角内侧具 1 对白斑；鞘翅共具 12 枚白色圆斑，每翅白斑呈 1-1-1-2-1 排列。

见于杨、槐等植物叶片上，取食白粉菌，具趋光性。

分布： 北京、陕西、甘肃、青海、吉林、河北、河南、上海、福建、湖南、广西、四川、贵州、云南；日本，朝鲜，俄罗斯，蒙古国，越南，中亚，欧洲。

菱斑巧瓢虫　*Oenopia conglobata*（Linnaeus，1758）

体长 3.5-5.4 毫米；体长圆形，略隆起；前胸背板浅粉色，具 7 枚菱形黑斑；鞘翅颜色多变，北京最常见的斑形为：鞘翅底色浅粉色，每鞘翅具 8 枚黑色或褐色斑，斑形不甚规则，呈 2-2-1-2-1 排列；有时斑点或大或相连，偶尔可见鞘翅全黑的个体。

见于杨、柳、榆等植物叶片上，捕食多种蚜虫。

分布： 北京、陕西、宁夏、甘肃、新疆、内蒙古、河北、山西、山东、福建、四川、西藏；俄罗斯，印度，蒙古国，中亚，欧洲，北非，北美洲（引入）。

异色瓢虫 *Harmonia axyridis*（Pallas，1773）

体长 5-8 毫米。体长圆形，体背强烈拱起，无毛。浅色前胸背板上有"M"形黑斑，常变化。小盾片橙黄色至黑色。鞘翅上色斑多变，最常见的斑形为橙黄色底色带多个黑斑（上图），或黑色底色带 2-4 个橙黄色斑（下图）。鞘翅近末端 7/8 处有明显的横脊，是鉴定该种的重要特征。

北京地区最常见的瓢虫之一，捕食多种蚜虫、蚧虫，以及叶甲、蛾类幼虫等。

分布：中国广泛分布；日本，韩国，俄罗斯，蒙古国，越南，欧洲（引入），北美洲（引入）。

龟纹瓢虫 *Propylea japonica*（Thunberg，1781）

体长 3.5-4.7 毫米；体长圆形，体背隆起，光洁无毛。体背斑纹十分多变：额白色，雌性于额中央具 1 黑斑，向后延伸与黑色的后头相连；前胸背板白色至黄白色，中央基部具 1 黑斑，黑斑最大时仅前胸边缘浅色；鞘翅黄白色至橙红色，具十分多变的黑斑，最常见的斑形为龟纹状（如图所示），有时斑纹扩大或缩小，使得鞘翅大部黑色，或大部浅色仅肩部及翅缝处黑色。

北京地区十分常见的瓢虫，见于各类环境，捕食多种蚜虫。

分布：中国广泛分布；日本，韩国，俄罗斯，越南，印度。

马铃薯瓢虫 *Henosepilachna vigintioctomaculata*（Motschulsky，1857）

体长 6.6-8.2 毫米；体圆形，体背强烈隆起，体背密覆白色绒毛；体色橙黄色，前胸背板通常具 5 个黑斑；鞘翅共具 28 枚黑斑，无小盾片斑，黑斑大小多变。

植食性瓢虫，寄主为多种茄科及葫芦科植物，是重要的农业害虫，以茄、马铃薯危害较重。

分布：我国东部各省份广泛分布；国外分布于日本、朝鲜、俄罗斯、越南、尼泊尔、印度。

60. 拟步甲科 Tenebrionidae

网目土甲 *Gonocephalum reticulatum* Motschulsky，1854

体长 4.5-7.0 毫米；体较平扁，体两侧近平行；体表粗糙，被黄色稀疏短伏毛，因常附着泥沙而呈灰褐色，清洗干净后呈现黑褐色。触角 11 节，端部略呈棒状；前胸背板横宽，侧缘圆弧，后缘波浪状，中央两侧密布黑色粗颗粒；鞘翅表面具细刻点行，行间具 2 列不规则的毛列。

常见于北京平原地区，幼虫生活在地下，成虫在地面活动，均为植食性。

分布：北京、陕西、甘肃、宁夏、内蒙古、辽宁、吉林、黑龙江、河北、山西；朝鲜，蒙古国，俄罗斯。

61. 蚁形甲科 Anthicidae

三斑一角甲　*Notoxus trinotatus* Pic，1894

　　体长 3.5-4 毫米；体形狭长；体表密被浅黄色绒毛。头、前胸背板黑色，触角褐色，鞘翅具黑黄两色斑纹，各足褐色，股节中部颜色较深。前胸背板形状特异，中央强烈向前方突起形成粗壮角突；头部大而圆，触角丝状；鞘翅卵圆形；跗节细长，倒数第 2 节双叶状，5-5-4。

　　该种原置于黑纹角甲 *Notoxus monoceros* 下作为亚种或同物异名，2004 年恢复种级地位。

　　分布：北京、黑龙江、甘肃、内蒙古、陕西、山西、新疆、台湾；俄罗斯，日本，蒙古国，朝鲜，韩国。

62. 天牛科 Cerambycidae

家茸天牛　*Trichoferus campestris*（Faldermann，1835）

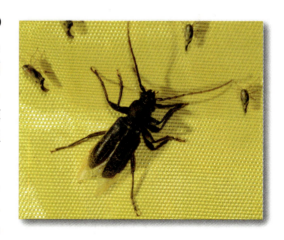

　　成虫体长 9-22 毫米，宽 2.8-7.0 毫米。体棕褐色，密被棕褐色绒毛。触角过鞘翅中部。前胸背板略呈圆柱形，宽略大于长，侧缘略呈弧形，密被粗密刻点。小盾片舌形，密被黄色绒毛。鞘翅两侧平行，端缘弧形，密被粗刻点，有不明显黑斑。

　　寄主多样，包括：刺槐、油松、枣、丁香、杨、柳、黄芪、苹果、柚、桦、云杉。幼虫也会蛀食成品家具或房屋木材。

　　分布：北京、黑龙江、辽宁、河北、内蒙古、甘肃、青海、新疆、陕西、山西、山东、河南、上海、四川；朝鲜，日本，俄罗斯，蒙古国。

63. 叶甲科 Chrysomelidae

体长 4-4.5 毫米；体近圆形，体背光洁，常为金属蓝色，偶有铜绿色或棕褐色个体出现；触角短，略超过前胸背板基部，端部 6 节略加粗，黑色，基部 5 节红棕色；前胸背板横宽，具细密刻点；鞘翅刻点较粗，近均匀排列，不形成刻点列，肩后部具 1 纵凹；腹面黑色。

寄主为多种柳，幼虫在叶片表面取食。

分布：北京、河北、黑龙江、吉林、辽宁、内蒙古、甘肃、宁夏、陕西、山东、陕西、江苏、河南、湖北、安徽、浙江、江西、湖南、福建、贵州、四川、台湾；日本，俄罗斯，印度，欧洲，北非。

大麻蚤跳甲 *Psylliodes attenuata*（Koch，1803）

体长 1.7-2.5 毫米；体长椭圆形，前后端较窄；体背暗铜色，具金属光泽；触角仅 10 节，棕黄色，端部几节颜色常较深；头顶无刻点，具网纹；前胸背板具细刻点，鞘翅刻点排成行，行距平坦；前足、中足褐色，后足股节十分膨大，跗节着生于胫节端部之前，第 1 跗节长。

寄主为大麻、葎草及一些十字花科植物，幼虫取食植物地下部分。

分布：北京、河北、山西、辽宁、吉林、黑龙江、内蒙古、新疆、江苏、贵州；日本，朝鲜，越南，俄罗斯，欧洲。

黄斑直缘跳甲 *Ophrida xanthospilota*（Baly，1881）

体长 6.7-7.0 毫米；体宽卵圆形。头及前胸背板棕黄色；鞘翅棕红色，刻点行间散布浅黄色小斑点；触角棕黄色，端部 2 节黑色；各足均为棕黄色。前胸背板横宽，四周具边框，前缘与基缘两侧各有 1 短纵沟；鞘翅具 10 行规则排列的刻点行；后股节膨大，密被刻点及毛。

寄主为黄栌，幼虫在叶部取食，有负粪习性，老熟幼虫落入土壤中化蛹。

分布：北京、河北、山东、湖北、四川。

棕翅粗角跳甲 *Phygasia fulvipennis*（Baly，1874）

体长约 5.5 毫米；体长卵形，前胸背板明显窄于鞘翅基部；触角黑色，较短粗，第 2 节短，球形，3-10 节略呈三角形；前胸背板黑色，具光泽，前后角十分突出，基部两侧具深凹；鞘翅棕黄色至橙红色，刻点粗密但不成行排列。

寄主为萝藦、桑等，成虫5-7 月发生。

分布：北京、河北、辽宁、吉林、黑龙江、山东、江苏、浙江、江西、湖南、四川、云南；日本，朝鲜，俄罗斯。

柳沟胸跳甲　*Crepidodera pluta*（Latreille，1804）

体长 2.5-3 毫米。体背面蓝色或绿色，具金属光泽；前胸背板多少带红色光泽；触角 1-4 节黄色，其余黑色；足棕黄色至红棕色，后股节大部深蓝色；腹面大部深蓝色。触角达鞘翅基部 1/3，丝状；前胸背板基部 1/4 具 1 横沟，横沟后略凹，盘区具稀疏刻点；鞘翅略宽于前胸，具 10 行刻点列；后足股节膨大，爪附齿式。

寄主为柳、杨。

分布：北京、黑龙江、吉林、甘肃、河北、山西、湖北、云南、西藏；朝鲜，日本，俄罗斯，中亚，欧洲。

蓟跳甲　*Altica cirsicola* Ohno，1960

体长 3.5-4 毫米；体长卵形，前胸背板略窄于鞘翅基部；体背金属蓝绿色，触角及各足黑色；前胸背板基部具横沟，表面具网状细纹及细密刻点；鞘翅刻点较前胸背板的更加粗密，表面具粒状细纹。

寄主为蓟属植物，在汉石桥湿地主要取食刺儿菜；成虫啃食叶肉组织，会留下褐色斑点状食痕。

分布：北京、河北、黑龙江、辽宁、吉林、内蒙古、甘肃、青海、新疆、山东、山西、安徽、湖北、湖南、福建、四川、贵州、云南；日本。

杨梢肖叶甲 *Parnops glasunowi* Jacobson，1894

体长 5-6.5 毫米；体形狭长；体背底色黑色至黑褐色，但密覆灰白色鳞片状毛；触角及足红褐色，覆盖较稀疏的白色绒毛。触角丝状，略长于体长一半；前胸背板宽大于长，与鞘翅基部近等宽；鞘翅两侧平行，刻点密集，刻点间距不大于刻点本身。

本种是杨树的重要害虫，亦危害柳树和梨树。成虫喜取食杨树新梢，幼虫取食寄主幼根。

分布： 北京、河北、辽宁、内蒙古、甘肃、新疆、陕西、山西、河南；中亚，俄罗斯。

中华萝藦叶甲 *Chrysochus chinensis* Baly，1859

体长 7.2-13.5 毫米；体背金属蓝色、蓝绿色或蓝紫色，无斑纹，触角与各足黑色或具金属色泽。复眼上方具 1 条纵沟；触角短粗，向端部略加宽；前胸背板长大于宽，明显窄于鞘翅基部；鞘翅宽大，强烈隆起，表面散布细刻点，刻点不成行；爪双裂；雄虫中胸腹板后缘中部具 1 个尖刺；臀板中央具纵沟。

北京城区非常常见的一种叶甲，6 月至 7 月上旬为成虫盛发期，寄主主要为萝藦科植物，也可取食旋花科、茄科、夹竹桃科等植物。成虫取食叶片，幼虫在植株根部的表皮下蛀食。

分布： 北京、陕西、宁夏、甘肃、青海、内蒙古、辽宁、吉林、黑龙江、河北、山西、河南、山东、江苏、浙江、江西；日本，朝鲜，俄罗斯，印度。

甘薯肖叶甲 *Colasposoma dauricum* Mannerheim，1849

体长 5-7 毫米；体色多变，具金属色，通常为暗铜色或蓝色，触角 2-6 节黄褐色。头部刻点粗密；触角端部 5 节略粗；前胸背板宽为长的 2 倍，略窄于鞘翅基部，前角尖锐，向后收狭，表面具粗糙刻点；鞘翅短宽，刻点细小，不规则排列。

寄主为旋花科植物，幼虫取食寄主植物根部。本种是甘薯和小麦的重要害虫，在麦田中取食打碗花等杂草，虽然不取食小麦，但成虫会在麦茎中产卵，从而严重影响小麦产量。

分布： 北京、陕西、甘肃、宁夏、青海、新疆、内蒙古、辽宁、吉林、黑龙江、河北、山西、河南、山东、江苏、安徽、湖北、湖南、四川；日本，朝鲜，俄罗斯。

梨光叶甲 *Smaragdina semiaurantiaca*（Fairmaire，1888）

体长 5-6 毫米；体圆筒形，前胸背板与鞘翅基部等宽；头黑色，前胸背板红棕色，前翅金属蓝绿色，触角褐色，各足红棕色；触角短，端部数节锯齿状；前胸背板短宽，光滑无刻点；鞘翅刻点粗密混乱；雄虫前足较粗壮；雌虫腹部末节中央具小凹窝。

在北京成虫见于四五月，取食寄主植物嫩叶。寄主为梨、杏、苹果、榆等。

分布： 北京、河北、黑龙江、吉林、山东、陕西、江苏、湖北；朝鲜，日本。

虾钳菜披龟甲 *Cassida piperata* Hope，1842

体长 4-5.5 毫米；体椭圆形，具宽阔敞边，体背隆起，背面观头及各足均隐藏于体下；背面淡黄色至棕黄色，前胸背板基部中央通常具 1 深色小斑，鞘翅斑纹不规则，敞边中后部及缝角处具黑斑；触角浅色。

多见于水生环境，因其寄主多为半水生或喜湿植物：虾钳菜、苋、藜、莲子草、鸭跖草等。

分布：北京、天津、河北、黑龙江、辽宁、陕西、山东、江苏、浙江、江西、福建、广东、广西、四川、云南、台湾。

64. 锥象科 Brentidae

曼氏柳瘿象 *Melanapion mandli*（Schubert，1959）

体长 2-3 毫米；体壁青黑色，略带金属光泽，触角与跗节深棕色，体表被覆白色披针形鳞片，复眼周围，腹面较浓密；喙短，略向下弯曲，雄虫喙约等于前胸背板长，雌虫喙略长于前胸背板；前胸背板背面观近矩形，前缘与后缘近等宽；鞘翅卵圆形，刻点清晰；足纤细，胫节端部无距。

寄主为柳属植物。

分布：北京、河北、吉林。

65. 象甲科 Curculionidae

葶草船象 *Psilarthroides czerskyi*（Zaslavskij，1956）

体长 2.4-3.5 毫米；体躯大部分亮黑色，喙端部、触角、跗节深红棕色；喙表面光亮，具有细微的刻点；触角着生点位于喙中部，鞭节第 1 节与第 2-4 节之和等长；前胸背板长宽相等；鞘翅长卵圆形，长宽之比为 5：3；胸部侧板具有显著的粗大刻点。

寄主为葶草。

分布：北京、河北；朝鲜，韩国，日本，俄罗斯。

刚毛舫象 *Dorytomus setosus* Zumpt，1933

体长 3-4 毫米；体红棕色，鞘翅第 3-5 行间深棕色，触角棒节和股节浅棕色；鞘翅行纹分别生有 1 排细长的鳞片；喙短而纤细，通常具有 1 个不显著的隆脊；前胸背板侧缘圆弧状；前足股节明显膨大。

寄主为柳属植物。

分布：北京、河北、天津、山西；朝鲜，韩国，蒙古国。

波纹斜纹象 *Lepyrus japonicus* Roelofs，1873

体长 8-11 毫米；体棕黑色，跗节颜色较浅；体表覆盖黄色鳞片，腹面、触角和足上的鳞片颜色更加浅淡；喙中部具 1 发达的沟，沟两侧分别具有 1 个隆脊；头部额区扁平；前胸背板具有细小的颗粒状突起，具有盾前沟；鞘翅两侧平行，肩部有突起，端部各有 1 个倒"V"形的白色条纹。

寄主为杨柳科植物。

分布：北京、河北、黑龙江、吉林、辽宁、内蒙古、山西、陕西、山东、安徽、江苏、浙江、福建；朝鲜，韩国，日本，俄罗斯。

黑斜纹象 *Chromoderus declivis*（Olivier，1807）

体长 7.5-10 毫米；体壁黑色，被覆白色至淡褐色鳞片，前胸背板和鞘翅两侧各有 1 条黑色条纹，鞘翅斜纹中间隔断，从隔断处各向鞘翅内侧延伸出 1 个倾斜黑色条纹；喙短粗，扁宽，短于前胸背板长；前胸背板宽略大于长，两侧呈截断形；鞘翅两侧平行；股节无齿突。

寄主为甜菜、灰绿藜，北方菜地常见。

分布：北京、河北、黑龙江、吉林、辽宁、内蒙古、甘肃、青海、新疆；朝鲜，韩国，蒙古国，俄罗斯。

沟胸龟象 *Cardipennis sulcithorax*（Hustache，1916）

体长 2.5-2.8 毫米；体壁黑色，触角和跗节棕色，身体卵圆形，头部鳞片浅棕色，前胸背板生有棕色鳞片，中部鳞片白色，形成 1 条中线；喙细长弯曲，可伸达后胸腹板前缘，触角着生于喙基部 3/5 处；前胸背板宽大于长，小盾片微小；鞘翅卵圆形；足延长，股节略纤细，胫节无距。

寄主为葎草。

分布：北京、河北；朝鲜，韩国，日本。

甜菜筒喙象 *Lixus subtilis* Boheman，1835

体长 9-12 毫米；体壁黑色，被覆锈红色蜡质，绒毛状，随着时间可渐渐脱落；喙弯曲，长度为前胸背板长的 2/3，具有显著刻点；触角着生于喙中部之前，前胸背面观梯形，散布刻点；鞘翅肩部最宽，但窄于前胸，端部收缩，末端呈短而钝的尖；足纤细。

寄主为甜菜、灰绿藜、苋菜等。

分布：北京、河北、黑龙江、吉林、辽宁、山西、陕西、甘肃、上海、江苏、安徽、浙江、江西、湖南、四川、新疆；叙利亚，伊朗，日本，朝鲜，韩国，俄罗斯。

棉小卵象 *Calomycterus obconicus* Chao，1974

体长 3-4 毫米；体壁红褐色，被覆灰色略发光的鳞片，小盾片鳞片白色；头宽大于长，喙短粗，背面有显著的隆脊；前胸宽大于长，两侧圆弧状，具有中隆脊；鞘翅卵形，无明显肩部，基部截断形，端部略圆；股节距端部 1/3 处有齿突，胫节端部内缘有刺。

寄主为桑、棉花、大豆等。

分布：北京、河北、江苏、浙江。

杨潜叶跳象 *Tachyerges empopulifolis*（Chen，1988）

体长 2-3 毫米；体壁黑褐色至黑色，触角、喙和足黄褐色，体表被覆黄褐色鳞片；喙粗短，具有细小刻点，略向后弯曲；触角着生于喙基部 1/3 处，鞭节 7 节；前胸宽大于长，端部平直，基部双凹形；行纹明显，行间略隆起，行纹与行间约等宽；后足股节粗壮。

寄主为杨属种类，幼虫潜叶为害。

分布：北京、河北、辽宁、吉林、山东。

榆跳象 *Orchestes alni*（Linnaeus，1758）

体长 3-4 毫米；体壁淡黄色至红棕色，鞘翅上常具有红棕色带状条纹，喙、小盾片、中后胸腹板黑色，全身密被白色半透明毛状鳞片；喙细长，休息时可收缩于胸部；触角着生于喙基部 2/5 处，鞭节 6 节；前胸背板宽大于长，前缘平直，后缘双凹形；鞘翅卵圆形，行纹明显；前足与中足股节无齿突。

寄主为榆属种类。

分布：北京、河北、吉林、辽宁、陕西、甘肃、宁夏。

大盾象　*Magdalis* sp.

体长 6-7 毫米；体壁多黑色，带金属光泽，体表几乎不被覆鳞片；喙短而直；爪大部分种类简单不具齿；前胸背板近梯形，后缘双凹形，后角尖锐；小盾片宽大；背面观鞘翅端部明显加宽。

该属寄主广泛，针叶树如松属植物，阔叶树如苹果、李、杏等。

分布：该属分布于全北区，中国各省区均可见到。

小爪象　*Smicronyx* sp.

体小型，体长 3-4 毫米；体壁红棕色至黑色，体表被覆或长或短的鳞片，灰白色鳞片于鞘翅肩部及中央形成斑纹；喙基部与额之间具 1 条横向的深沟；复眼在腹面相邻；第 2 腹板后缘双凹形；爪基部融合。

该属已知寄主为菟丝子，夜间可被灯光吸引。

分布：该属世界范围广布，中国各省区均可见到。

梢小蠹　*Cryphalus* sp.

体长约 2 毫米；体壁棕褐色，略具光泽，体表被覆短立毛及鳞片。复眼完整；触角锤状部侧扁，正面近圆形。前胸背板强烈隆起，最高点位于背板中部附近，背板上遍布鳞状瘤。鞘翅覆盖稠密鳞片，刻点沟细小，沟间具成列的短立毛。

该属种类众多，针叶树及阔叶树上均有发现。

分布：该属全国各地均有分布，但以北方居多。

66. 等翅石蛾科 Philopotamidae

体褐色的中小型石蛾。头部小，复眼卵圆形，突出；具单眼。触角粗壮，黑褐色，与体长近等。下颚须 5 节，末节柔软多环纹，长度超过前 4 节之和。中胸盾片无毛瘤。各足发达，前足胫节有 3 枚距，跗节长于前足胫节。前后翅形态近似，褐色，缺显著斑纹。

幼虫衣鱼型，巢网状而疏松，圆筒形，末端开口。集食性，以滤食的方式，取食过滤网内的有机颗粒。成虫具趋光性。

分布：该科全国各地均有分布。

67. 稜巢蛾科 Bucculatricidae

榆稜巢蛾 *Bucculatrix* sp.

翅展 2.7-3.1 毫米，体、翅黄白色，散布褐色鳞片。头部具冠状褐色长鳞毛，触角具黑褐色与白色相间的环纹。前翅前缘具 3 个黑褐色斑纹，后缘近中央具 1 圆形黑褐色斑，前端缺口。缘毛淡黄白色，除顶角及臀角处外缘毛基部黑褐色，呈一弧形。

1 龄幼虫潜叶，2 龄后在叶背做巢，出巢取食叶肉。幼虫寄主为榆。

分布：北京、新疆、山西。

68. 细蛾科 Gracillariidae

翅展 8.5-9.5 毫米。体、翅棕褐色；下唇须白色，端部黑褐色；触角端部颜色渐深。前翅前缘中部具大型黄绿色三角斑，后缘基部具较小的长圆形斑纹；缘毛白色。前足、中足深褐色，中足胫节具黑色长鳞毛；跗节白色，各节端部褐色。

幼虫在柳叶端卷叶做巢。寄主为杨、柳。成虫停歇时与平面约成 30 度角，极具特色。

分布：北京、陕西、上海、浙江、江西、台湾、湖北、四川；日本。

69. 巢蛾科 Yponomeutidae

冬青卫矛巢蛾 *Yponomeuta griseatus* Moriuti，1977

翅展 17-19 毫米。体、翅浅灰色；胸部具 5 个黑色斑点，呈倒五边形排列，前 2 个有时不明显。前翅具许多黑斑，纵向排成 5 列；中室处具 1 不太明显的大黑斑；翅尖端部缘毛黑色。

寄主为扶芳藤、大叶黄杨等。

分布：北京、陕西、山东、河南、上海、浙江、安徽、广西等；日本。

70. 菜蛾科 Plutellidae

小菜蛾　*Plutella xylostella*（Linnaeus，1758）

翅展 12-15 毫米。体、翅灰褐色，头和前胸背板灰白色。触角具黑白环纹，略长于前翅长一半；下唇须前伸，基部 2 节被毛。前翅黑灰色，中部褐色，后缘灰白色；两翅合拢时形成由 3 个菱形组成的灰白色斑纹；前翅外缘缘毛黑褐色。

幼虫潜叶，1 年多代，具远距离迁飞习性。寄主为十字花科植物。

分布：国内各省区均有分布；世界广泛分布。

71. 潜蛾科 Lyonetiidae

旋纹潜蛾　*Leucoptera malifoliella*（Costa，1836）

翅展 6-8 毫米。体、翅大部白色；触角灰褐色，端部数节白色；各足胫节白色，跗节褐色；前翅近端部具橘黄色斑，斑纹枝状，边缘多有褐色围边；臀角具黑色圆斑，其内具银白色和紫黑色鳞片；缘毛白色，具几条黑褐色横带。

幼虫从叶背潜入叶片，潜道近圆形，表皮下留有螺旋形的虫粪。寄主为苹果、梨、沙果、海棠、山楂等植物。

分布：北京、河北、吉林、辽宁、新疆、陕西、宁夏、山西、河南、山东、四川、贵州等；中亚至欧洲。

72. 绢蛾科 Scythrididae

四点绢蛾 *Scythris sinensis*（Felder & Rogenhofer，1875）

翅展 11-17 毫米。体、翅黑色，翅基和翅端各具 1 圆形黄斑，基部斑通常较大，偶有无斑个体；后翅褐色，无斑，披针形，缘毛长。触角黑色，端部一半褐色。腹部杏黄色，雄性基 3 节背板黑褐色。

幼虫在植物上吐丝，并把叶片咬出许多孔洞。寄主为藜、草地滨藜等植物。

分布：北京、陕西、新疆、甘肃、辽宁、天津、河北、河南、浙江；朝鲜，俄罗斯远东至欧洲。

73. 织蛾科 Oecophoridae

双线丽织蛾 *Epicallima conchylidella*（Snellen，1884）

翅展 12.5-17 毫米。唇须上举，黑白相间。触角长于前翅前缘一半，褐色与白色相间。胸部及前翅橙黄色，前翅中央具梯形橙红色斑，内外两侧均具 1 条黑白缘线，并衬有白色晕纹，后侧仅具黑色缘线，前端不到达前翅前缘，亦无缘线；外侧黑色缘线向后角处弯折，其前方至翅前缘之间有 1 白色短纹。后翅灰褐色，后缘缘毛约等于翅宽。

该种幼虫寄主未知，但同属其他种幼虫记录生活于树皮下或朽木中。

分布：北京、河北、天津、甘肃、黑龙江、内蒙古、宁夏、青海、陕西、山西、新疆；俄罗斯。

74. 展足蛾科 Stathmopodidae

桃展足蛾 *Stathmopoda auriferella*（Walker，1864）

翅展 10-15 毫米。雄性触角鞭节具细长的纤毛，下唇须上举。胸及翅前半部黄色，胸背部具 5 个灰褐色斑纹，有时部分斑消失，或只剩中央具 1 褐色圆形斑。翅前半部黄色，前缘基部具褐色斑纹，后半部褐色，缘毛长。

幼虫取食桃、苹果、葡萄等果实。

分布：北京、河北、陕西、山西、河南、山东、江苏、上海、浙江、江西、福建、台湾、香港、四川；日本，朝鲜，俄罗斯，印度，巴基斯坦，澳大利亚等。

75. 祝蛾科 Lecithoceridae

梅祝蛾 *Scythropiodes issikii*（Takahashi，1930）

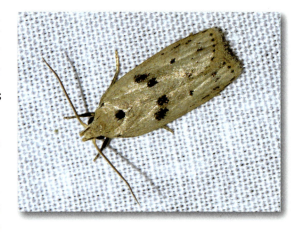

翅展 14-20 毫米。体、翅灰褐色；下唇须褐色，上举过头顶；触角基部灰白色，其后渐为黑色。前胸背板后部具 1 大黑斑；前翅基部 1/3 处具 2 个大黑斑，中室处具 1 小黑点，外缘具黑点列，缘毛黄褐色。

初龄幼虫潜叶，在翘皮下、裂缝中结茧越冬，2 龄、3 龄幼虫卷叶，老龄幼虫在一定距离叶缘两端切割叶片，并卷成筒状成虫苞，取食外面的叶片。寄主为苹果、樱桃、梅、梨、李、桃、葡萄、栀子、榆、杨等。

分布：北京、陕西、辽宁、河北、山东、浙江、安徽、江西、湖南、福建、广西、云南、贵州、四川；日本，朝鲜。

76. 尖蛾科 Cosmopterigidae

华丽星尖蛾 *Pancalia hexachrysa*（Meyrick，1935）

翅展 10-13 毫米。体、翅紫黑色，具闪光鳞毛。下唇须白色，上举，伸过头顶；触角黑色，长于前翅长一半。前翅前缘基半部黑色，翅面具不规则橙色花纹，橙色区域多形成几条相连的宽大纵纹；间杂多处银白色及蓝灰色闪光鳞毛；缘毛长，黑灰色。各足胫节端部具白色长毛。

幼虫潜叶，该属寄主多为堇菜科植物。

分布：北京、陕西、安徽、福建、湖南、贵州；日本，俄罗斯。

拟伪尖蛾 *Cosmopterix crassicervicella* Chretien，1896

翅展 7-10.5 毫米。体、翅黑色，头部及胸部背面具白色纵纹。下唇须长，上举过头顶；触角柄节长，向端部增粗，端部白色。前翅基部具 3 条白色纵条，中部具橙黄色横带，两侧具银白色鳞片，缘毛白色。各足胫节具白色花纹。

幼虫潜叶。寄主为香附子、薦草。

分布：北京、陕西；俄罗斯至欧洲。

77. 麦蛾科 Gelechiidae

绣线菊麦蛾 *Athrips spiraeae*（Staudinger，1871）

翅展 12-14 毫米。体、翅灰褐色。下唇须褐色，第 2 节具较长鳞片，第 3 节无长鳞片，上举过头顶；触角具白色环纹。前翅中室处具 1 黑色圆形模糊斑纹，周围具 4 个黑褐色小点。缘毛灰褐色，散布黑褐色小点。

寄主为绣线菊属植物。

分布：北京、河北；俄罗斯，乌克兰，哈萨克斯坦。

山楂棕麦蛾 *Dichomeris derasella*（Denis & Schiffermüller，1775）

翅展 20-22 毫米；停歇时体呈长三角形。体、翅棕褐色。下唇须第 2 节前伸，具黄褐色长鳞毛，第 3 节细长，上举过头顶。前翅前缘基部颜色较浅，中室处具 1 深褐色斑点，缘毛黄褐色。

寄主为山楂、桃、樱桃、悬钩子等。

分布：北京、陕西、甘肃、青海、宁夏、辽宁、天津、河北、河南、安徽、浙江、福建、湖南；朝鲜，俄罗斯，土耳其，欧洲。

78. 刺蛾科 Limacodidae

黑眉刺蛾 *Narosa nigrisigna* Wileman，1911

翅展 18-25 毫米；翅宽大，呈卵圆形；体粗壮。体、翅、足白色；触角栉状，黄褐色，约为前翅长一半；前翅白色，近顶角处具 1 黑色斜线，翅面隐约可见若干浅褐色斑纹；翅缘具 1 列黑点。

寄主为核桃、紫荆等。

分布：北京、甘肃、辽宁、河北、山东、江西、湖南、四川、台湾、云南。

黄刺蛾 *Monema flavescens* Walker，1855

翅展 29-36 毫米。体背黄色，腹端黄褐色。前翅基半部鲜黄色，端半部黄褐色；中室处具 1 大黑褐色斑，其内侧具 1 小黑斑；大斑与顶角间形成两色交界处的深褐色细线，此线在顶角处折回，延伸至臀角附近，形成黄褐色区域内的"V"形纹。

寄主为苹果、桃、梨、枣、核桃、山楂、杨、柳、柿、杏、榆等 90 多种植物。

分布：国内广泛分布（除宁夏、新疆、贵州、西藏外）；日本，朝鲜，俄罗斯。

褐边绿刺蛾 *Parasa consocia* Walker，1863

翅展 28-40 毫米。体、翅绿色；触角栉状，短粗，褐色；各足褐色。前翅大部绿色，翅基具 1 褐色四边形斑；沿翅外缘具浅褐色宽带，于臀角处向内突伸，此带内缘及外缘具深褐色线，其内翅脉处深褐色；后翅淡黄色。

寄主为苹果、梨、桃、杏、樱桃、栗、枣、栎、核桃等植物。

分布： 国内广泛分布（除内蒙古、宁夏、甘肃、青海、西藏和新疆外）；日本，朝鲜，俄罗斯。

中国绿刺蛾 *Parasa sinica* Moore，1877

翅展 21-26 毫米。体、翅绿色；触角栉状，短粗，褐色；各足褐色。前翅绿色，翅基具 1 菱形褐色斑；外缘具深褐色宽带，内缘形成较显著的黑褐色缘线，内缘中部具 1 个大齿形突，其上方还有 1 个小齿形突；前缘具深褐色狭纹；后翅黄色。

寄主为苹果、梨、桃、杏、樱桃、柿、枣、栎等植物。

分布： 北京、陕西、甘肃、黑龙江、吉林、辽宁、河北、天津、河南、上海、江西、台湾、湖北、湖南、广东、广西、四川、云南；日本，朝鲜，俄罗斯。

扁刺蛾 *Thosea sinensis*（Walker，1855）

翅展 28-39 毫米。体、翅灰白色至灰褐色，散布褐色鳞毛；触角栉状，短粗，褐色；各足褐色，股节颜色较深。前翅近外缘具 1 褐色斜线，其内侧色浅，外侧略深，外侧区域内翅脉处有时带褐色；中室端有时具黑褐色斑；后翅灰褐色。

幼虫在土下结茧化蛹。寄主为苹果、梨、桃、杏、樱桃、枇杷、枣、核桃等植物。

分布：北京、陕西、甘肃、黑龙江、吉林、辽宁、河北、河南、山东、安徽、江苏、浙江、福建、台湾、湖北、湖南、广东、香港、广西、四川、贵州、云南；朝鲜，越南。

79. 木蠹蛾科 Cossidae

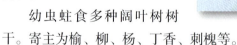

榆木蠹蛾 *Holcocerus vicarious*（Walker，1865）

体长 23-40 毫米，翅展 46-86 毫米。体、翅褐色。触角丝状，不达前翅前缘的 1/2。头顶毛丛、领片和翅基片暗褐灰色。中胸白色，后缘具 1 黑色横带。前翅暗褐色，翅端具许多黑色网纹，中室及其上方为煤黑色，中室端上具 1 白斑。

幼虫蛀食多种阔叶树树干。寄主为榆、柳、杨、丁香、刺槐等。

分布：北京、陕西、甘肃、内蒙古、宁夏、黑龙江、吉林、辽宁、河北、天津、山西、河南、山东、江苏、上海、安徽、四川；日本，朝鲜，俄罗斯，越南。

灰苇木蠹蛾 *Phragmataecia castaneae* Hübner，1790

体长 26-33 毫米，翅展
45-54 毫米。体、翅灰褐色；
头部较小，喙及下唇须退化；
雄蛾触角基半部双栉形，栉齿
细长，端半部锯齿形；胫节端
无距；腹部细长。前翅灰褐
色，窄长，各脉间隐有暗斑
点；后翅稍窄，外缘明显斜
曲；前翅长略短于腹部。

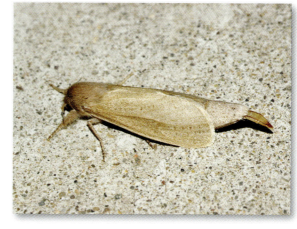

幼虫蛀食芦苇茎秆。成虫
见于 5 月，在汉石桥湿地数量较大。

分布：北京、河北、黑龙江、新疆、台湾；日本，印度，斯里兰卡，欧洲，
非洲。

80. 卷蛾科 Tortricidae

榆白长翅卷蛾 *Acleris ulmicola*（Meyrick，1930）

翅展 16-17 毫米。体、翅
白色至淡黄色。下唇须外侧灰
色，内侧灰白色，前伸，第 3
节小。前翅翅面具小网格，有
3 条具分散竖鳞的灰褐色斑纹。
第 1 条窄，或呈点状；第 2 条
出自前翅中部之前，伸达后
缘 3/4；第 3 条较宽，扩展至
臀角。

幼虫缀叶。寄主为榆。

分布：北京、陕西、甘
肃、青海、宁夏、内蒙古、黑龙江、天津、河北、河南、山东、台湾、西藏；日
本，朝鲜，俄罗斯。

苹大卷叶蛾 *Choristoneura longicellana*（Walsinghan，1900）

雄蛾翅展 18-24 毫米，雌蛾翅展 26-32 毫米。体、翅黄褐色。雄蛾胸端部具 1 圆形黑斑，前翅近四方形，前缘褶很长，伸达中横带外侧，在近基部后缘具 1 黑色斑点，中带由翅前缘中部向臀角延伸，先窄后宽。雌蛾前翅在顶角之前凹陷，顶角凸出。

寄主为苹果、山楂、梨、柿、鼠李、柳、栎、槐等的叶片、花和果实。

分布：北京、河北、黑龙江、陕西、甘肃、内蒙古、天津、山东、江苏、安徽、江西、湖北、湖南、四川、云南；日本，朝鲜，俄罗斯。

苹褐卷蛾 *Pandemis heparana*（Denis & Schiffermüller，1775）

雄蛾翅展 16.5-21.5 毫米，雌蛾翅展 24.5-26.5 毫米。体、翅深褐色，下唇须细长，外侧灰色且夹杂灰褐色鳞片，内侧白色。前翅中部具 1 浅灰色横带，端部浅灰色，近顶角处具 1 深褐色斑，缘毛深褐色。足黄白色，前足和中足跗节具灰褐色鳞片。

寄主为苹果、桃、李、杏、草莓、悬钩子、杨、柳、菜豆、核桃、甜菜、桑、椴树、槲树、杜鹃、榆、鼠李等植物。

分布：北京、陕西、天津、河北、黑龙江、青海；朝鲜，日本，俄罗斯，欧洲。

桃褐卷蛾　*Pandemis dumetana*（Treitschke，1835）

雄蛾翅展 15.5-17.5 毫米，雌蛾翅展 23.5-26.5 毫米。体、翅灰褐色，下唇须长，前伸。前翅底色土黄色，斑纹灰褐色，基斑大，中带后半部宽于前半部，亚端纹小，常具下伸的细线。前翅前缘中部之前均匀隆起，其后平直，顶角近直角。

幼虫多食性，可取食多科多种植物，如野决明、大豆、白桦、苹果、李、杨、柳、栎、胡桃楸等。

分布：北京、陕西、甘肃、宁夏、黑龙江、湖北、四川、云南；日本，朝鲜，俄罗斯，欧洲。

尖瓣灰纹卷蛾　*Cochylidia richteriana*（Fischer von Röslerstamm，1837）

翅展 11-13.5 毫米。体、翅浅灰褐色，胸部灰色，头顶白色；触角灰色；前翅中带倾斜，深褐色，停歇时两翅合拢形成马蹄状斑纹；靠近外缘处翅长 1/4 区域散布黑褐色鳞片，其内侧具 1 褐色大斑；后翅缘毛长，浅灰色。

寄主为蒿属、蓍属等菊科植物。

分布：北京、河北、天津、宁夏、青海、内蒙古、黑龙江、辽宁、山西、山东、安徽、湖南、四川；日本，朝鲜，俄罗斯，蒙古国，欧洲。

河北狭纹卷蛾 *Gynnidomorpha permixtana*（Denis & Schiffermüller，1775）

翅展 9-14 毫米。体、翅黄褐色，下唇须前伸，略上举，较短小。前翅前缘基半部褐色，中带褐色，主干前 1/3 直，而后内折至翅后缘 2/5 处，在前 1/3 处分支，延伸至臀角，再于 1/2 处分支，几乎直达后缘。顶斑褐色，可与第 1 分支相接。有时翅斑颜色较深。

幼虫蛀茎，寄主为泽泻、龙胆、小米草、马先蒿等。

分布：北京、河北、陕西、宁夏、辽宁、山东、上海、湖南、四川、贵州；日本，朝鲜，俄罗斯，蒙古国，阿富汗，欧洲。

草小卷蛾 *Celypha flavipalpana*（Herrich-Schäffer，1851）

翅展 13-16 毫米。下唇须上举，白色。体、翅黄褐色；前翅具白色、褐色及黑褐色的复杂斑纹。前翅中部具 1 白色横带，带内可见不连续的黑褐色细纹；翅顶角处具 5 对白色钩状纹，最基部的 1 对斜伸向翅外缘中部。

寄主为百里香等。

分布：北京、陕西、甘肃、宁夏、青海、新疆、内蒙古、黑龙江、吉林、河北、天津、河南、山东、安徽、浙江、湖北、湖南、四川、贵州；日本，朝鲜，俄罗斯，蒙古国，欧洲。

白钩小卷蛾　*Epiblema foenella*（Linnaeus，1758）

翅展 17-26 毫米。体、翅深褐色。前翅后缘基部 1/3 处具 1 条宽白带，伸向翅中部，并成钩状向外缘弯折；两翅合并时形成马蹄形白斑；翅顶角处具数条斜纹，臀角处银白色。白斑端部长短不定，有时与翅缘的银白色斑相连。各足跗节具白色环纹。

幼虫蛀食根茎。寄主为艾、芦蒿。

分布：北京、陕西、甘肃、宁夏、青海、内蒙古、黑龙江、吉林、河北、天津、山东、江苏、浙江、安徽、江西、福建、台湾、湖北、湖南、广西、四川、贵州、云南；日本，朝鲜，俄罗斯，蒙古国，中亚，印度。

杨柳小卷蛾　*Gypsonoma minutana*（Hübner，1799）

翅展 12-15 毫米。触角具黑色环纹；体、翅深褐色，具白色、黄褐色及黑色的复杂斑纹。前翅中部具 1 白色波状横带，带内外侧散布杂色斑纹；翅顶角处具数条斜纹；外缘具黑色缘线；缘毛褐色。

幼虫缀叶。寄主为柳、杨。

分布：北京、陕西、甘肃、宁夏、青海、黑龙江、河北、山西、河南、山东；日本，朝鲜，俄罗斯，蒙古国，阿富汗，伊朗，欧洲，北非。

麻小食心虫 *Grapholita delineana*（Walker，1863）

翅展 11-15 毫米。体、翅灰褐色。前翅前缘具 9 个或 10 个黄白色钩形纹；后缘中部具 4 条黄白色或白色的平行弧形纹，左右相连呈钩状；翅近外缘杂有一些黄褐色鳞片。

1 年 2-3 代，第 1 代幼虫在茎部形成虫瘿，2-3 代幼虫取食嫩果，也能卷叶。寄主为大麻、葎草、草莓。

分布：北京、陕西、甘肃、天津、河北、河南、山东、浙江、安徽、江西、福建、台湾、湖北、四川；日本，朝鲜，俄罗斯至欧洲，毛里求斯，北美洲（引入）。

81. 羽蛾科 Pterophoridae

灰棕金羽蛾 *Agdistis adactyla*（Hübner，1819）

翅展 21-26 毫米。体、翅灰褐色，前、后翅均不分裂；前翅近端部具大型三角形无鳞片区，其后具横向排列的 4 个黑褐色小点，顶角处具 1 个褐色斑点，后缘具 3 个褐色斑点；缘毛长，灰白色。后足胫节上 2 对距较短，等长。停息时双翅上举，呈"T"形。

寄主为荒野蒿、猪毛蒿、银香菊、藜等植物。

分布：北京、陕西、甘肃、天津、河北、山西、内蒙古、辽宁、宁夏、新疆；蒙古国，中亚至欧洲。

甘薯异羽蛾 *Emmelina monodactyla*（Linnaeus，1758）

翅展 18-28 毫米。体、翅浅褐色，前翅分 2 支，具 2 个黑点，1 个位于中室的中央偏基部，另 1 个位于两支分叉处，后翅分为 3 支。腹部前端具近三角形白斑，背线白线，两侧灰褐色，各节后缘具棕色点。停息时双翅上举，呈"T"形。

寄主为甘薯、田旋花等。

分布：北京、陕西、甘肃、宁夏、青海、新疆、内蒙古、黑龙江、河北、天津、山西、山东、浙江、江西、福建、四川；日本，印度，中亚至欧洲，北非，北美洲。

82. 螟蛾科 Pyralidae

二点织螟 *Aphomia zelleri*（Joannis，1932）

雄蛾翅展 18-19 毫米，雌蛾 29-31 毫米。体、翅灰褐色，前翅前缘灰褐色，其后具宽阔的锈红色纵纹；中室中部及中室端各有 1 圆形黑斑，其中部常有白点。

幼虫取食贮藏粮食或野外的苔藓。

分布：北京、陕西、青海、宁夏、新疆、内蒙古、吉林、天津、河北、河南、湖北、广东、四川；日本，朝鲜，斯里兰卡，欧洲。

大豆网丛螟 *Teliphasa elegans*（Butler，1881）

翅展 24-35 毫米。前翅狭长，休息时不覆盖腹部；前翅暗褐色或黑褐色，内外横线间常呈灰白色至灰褐色；中室内具 2 个小黑斑；外线黑色，于中室端弯折；缘毛黑褐与灰白相间；后翅半透明；腹部中央 4 节灰白色，具 2 枚三角形小黑斑。

寄主：苹果、桃、柿、核桃、大豆等。幼虫缀叶为巢。

分布：北京、陕西、河北、湖北、湖南、福建、广西、四川；日本，朝鲜，俄罗斯。

灰直纹螟 *Orthopygia glaucinalis*（Linnaeus，1758）

翅展 17-27 毫米。体、翅灰褐色；前翅具 2 条黄白色横线，横线前缘具黄斑；前缘具红黄两色相间的狭带。后翅灰褐色，具 2 条灰白色横线。前后翅缘毛灰白色，近基部灰褐色。

幼虫取食枯叶、谷物、干草及栎类叶片。

分布：北京、陕西、青海、内蒙古、黑龙江、吉林、辽宁、河北、天津、河南、山东、江苏、浙江、江西、福建、台湾、湖北、湖南、广东、海南、四川、贵州、云南；日本，朝鲜，欧洲。

褐巢螟 *Hypsopygia regina*（Butler，1879）

翅展 15-20 毫米。体、翅紫红色，下唇须上举。前翅具 2 条黄色波状横线，横线在翅前缘处具黄斑，外横线处的较大；前缘在两黄斑之间具黑黄相间的狭纹；各缘毛双色，基部紫红色，端部黄色；后翅紫红色，中部具并列 2 条黄色弧纹。

寄主为酸枣；也有记录幼虫生活于胡蜂巢中，取食其幼虫。

分布： 北京、陕西、甘肃、内蒙古、河北、河南、浙江、江西、福建、台湾、湖北、湖南、广东、广西、海南、四川、贵州、云南；日本，泰国，不丹，印度，斯里兰卡。

豆荚斑螟 *Etiella zinckenella*（Treitschke，1832）

翅展 16-22 毫米。体、翅暗褐色，下唇须黑褐色，前伸。前翅基部和胸部黄褐色，前翅中部具 1 条黄褐色宽横带，前缘中部至顶角具 1 条白色纵条；外缘线灰色，缘毛灰褐色。中足胫节外侧具白色鳞毛。

寄主为大豆、豌豆、绿豆、扁豆、菜豆、刺槐等豆科植物。

分布： 北京、陕西、河南、甘肃、湖北、天津、河北、安徽、福建、山东、湖南、广东、四川、贵州、云南、宁夏、新疆；世界性分布。

双线巢斑螟 *Faveria bilineatella*（Inoue，1959）

翅展 19-24 毫米。体、翅灰白色，雄蛾头顶具灰褐色鳞毛突起，雌蛾被灰白色粗糙鳞毛。前翅基部 1/3 处具 2 条并列黑色横线，内横线短，不达翅缘；前翅外缘具 1 列黑斑，其内具显著或不显著的缘线。

分布：北京、天津、河北、山西、辽宁、黑龙江、山东、青海、宁夏、新疆；日本，朝鲜，俄罗斯。

泰山簇斑螟 *Psorosa taishanella* Roesler，1975

翅展 18-23 毫米。体、翅灰褐色，头顶夹有少许白鳞。前翅长为宽的 3 倍；中部具 1 白色直横线，前缘在其内侧为白色；前缘在白线外侧、后缘在其内侧各有 1 黑褐色区域；中室具 1 黑褐色斑，其中有白点。

寄主为桃等李属植物。

分布：北京、陕西、吉林、辽宁、天津、河北、河南、山东、湖北；日本，朝鲜。

柳阴翅斑螟 *Sciota adelphella*（Fischer von Röslerstamm，1838）

翅展 21-24 毫米。体、翅灰黄色，触角基节膨大。下唇须上举，较粗壮。前翅基部土黄色；内横线灰白色，前半段模糊；外横线锯齿形，灰白色，两侧常暗褐色。中足胫节端 2/3 具 1 黑褐斑。

寄主为杨、柳。

分布：北京、陕西、甘肃、青海、内蒙古、辽宁、天津、河北、河南、山东、安徽、江西、福建、四川；日本，朝鲜，俄罗斯，欧洲。

83. 草螟科 Crambidae

蔗茎禾草螟 *Chilo sacchariphagus*（Bojer，1856）

翅展 25-32 毫米。体、翅灰褐色；下唇须前伸，较长，多毛。前翅灰褐色，脉间具不显著的黑褐色条纹，中室后角具 1 小黑点，缘毛灰褐色；后翅白色，半透明。

寄主为高粱、甘蔗等。

分布：北京、河北、河南、山东、江苏、湖北、福建、台湾、广东；日本，越南，菲律宾，南亚。

黄纹髓草螟 *Calamotropha paludella*（Hübner，1824）

雌蛾翅展 35 毫米，雄蛾翅展 19 毫米。体、翅白色，雌雄二态，雄性体小，色深，但后翅均为白色。雌蛾下唇须白色，前端两侧淡褐色。前翅具 3 条淡黄色横纹，有间断，中室具黑点或无。

寄主为香蒲。

分布：北京、陕西、宁夏、新疆、内蒙古、黑龙江、河北、天津、山东、江苏、上海、安徽、浙江、江西、福建、台湾、湖北、湖南、广西、四川、云南；日本，朝鲜，俄罗斯，澳大利亚，中亚至欧洲，非洲。

三点并脉草螟 *Neopediasia mixtalis*（Walker，1863）

翅展 21-32 毫米。体、翅淡黄褐色，下唇须前伸，密布黑色鳞毛；触角背面灰白色，腹面淡褐色。前翅散布黑褐色鳞片，缘线具 1 列小黑点，缘毛淡褐色。足黄白色，前足和中足股节外侧淡褐色。

寄主为玉米、大麦、小麦等。

分布：北京、甘肃、湖北、湖南、天津、河南、河北、山西、山东、黑龙江、吉林、江苏、浙江、云南、四川、青海；朝鲜，日本，俄罗斯。

大禾螟 *Schoenobius gigantellus*（Schiffermüller & Denis，1775）

雄蛾翅展 24-31 毫米，雌蛾翅展 31-45 毫米。体、翅黄色，下唇须前伸，第 2 节超过第 3 节长的 3 倍。前翅基部具 3 个黑褐色斑点，中部具 2 个黑褐色斑点，端部具 2 个黑褐色斑点，有时相连；亚端线淡褐色，锯齿状，向内倾斜；外缘具 1 列小黑点，缘毛白色。

寄主为芦苇。

分布： 北京、天津、河北、河南、山东、山西、陕西、内蒙古、甘肃、宁夏、黑龙江、江苏、上海、湖南、广东、新疆；日本，朝鲜，俄罗斯至欧洲。

棉塘水螟 *Elophila interruptalis*（Pryer，1877）

雄蛾翅展 25.5-26.5 毫米，雌蛾翅展 26.5-32.5 毫米。体、翅黄白色，下唇须短，白色；触角及各足白色。中胸背板褐色，腹面黄白色。腹部黄白色，各节前部黄褐色。翅面具复杂白色和黑色斑纹，缘线黑色，缘毛白色。

寄主为水鳖、眼子菜、睡莲、丘角菱。

分布： 北京、天津、河北、河南、黑龙江、吉林、陕西、山东、江苏、上海、浙江、福建、江西、湖南、广东、云南、四川；朝鲜，日本，俄罗斯。

褐萍水螟 *Elophila turbata*（Butler，1881）

翅展 10.5-28 毫米。体、翅褐色，具白色、黄色、褐色复杂斑纹；前翅具 4 条白色波状横线，第 1、2 条间，第 3、4 条间为黑褐色带，第 2、3 条间为浅黄色带。后翅斑纹与前翅相近。

寄主为水稻、青萍、满江红、田字草、水萍、鸭舌草等。

分布：北京、陕西、黑龙江、辽宁、吉林、天津、河北、河南、山东、江苏、上海、浙江、安徽、福建、台湾、湖北、湖南、广东、广西、重庆、四川、贵州、云南；日本，朝鲜，俄罗斯。

稻筒水螟 *Parapoynx vittalis*（Bremer，1864）

翅展 14-22 毫米。体白色，胸腹背面（除第 1 腹节和腹末）具黑色横带。翅黄色，具白色横纹或斜纹，白纹两侧具黑线。前翅中室处具 2 个黑斑，后翅外缘具黑点列。缘毛白色，基部具黑点列。

寄主为水稻、看麦娘、眼子菜等。

分布：北京、陕西、宁夏、内蒙古、黑龙江、辽宁、吉林、河北、天津、山东、上海、江苏、浙江、江西、福建、台湾、湖北、湖南、四川、云南；日本，朝鲜，俄罗斯。

黄翅缀叶野螟 *Botyodes diniasalis*（Walker，1859）

翅展约 30 毫米。体、翅黄色，头额两侧具白色条纹。前翅具 2 条褐色断续波状横线，中室中央具小黑点，或不明显，中室端具褐色肾形斑，内具白色月牙形斑。外缘 1/3 后具较宽的红褐色带，后半部分向内突出。

幼虫缀叶做巢。寄主为杨、柳。

分布：北京、陕西、宁夏、黑龙江、吉林、辽宁、河北、河南、山东、江苏、浙江、福建、台湾、湖北、四川、云南；日本，朝鲜，缅甸，印度。

白点暗野螟 *Bradina atopalis*（Walker，1859）

翅展 19-24 毫米。体、翅灰褐色，腹部各节后缘色淡。前翅具 2 条黑褐色横线，中室内具 1 黑褐色小点，中室端具 1 新月形黑褐色斑，外侧具圆形白斑。缘线黑褐色，缘毛端白色，基部黑褐色。雄性腹部细长。

寄主为水稻等。

分布：北京、陕西、辽宁、天津、河北、河南、山东、上海、浙江、福建、台湾、广东、广西、四川、云南；日本。

桃蛀螟 *Conogethes punctiferalis*（Guenée，1854）

翅展 20-29 毫米。体、翅鲜黄色，胸腹背面及前后翅面具大量黑斑，胸部中央具前后 2 个黑斑，腹部每节具 3 个黑斑，次末节具 1 个，末节无。

幼虫蛀食桃、苹果、板栗、棉、向日葵、马尾松等多种植物的小枝，以及玉米等的茎、穗，也会蛀食苹果等果实。

分布：北京、陕西、甘肃、辽宁、河北、天津、山西、河南、山东、江苏、安徽、浙江、江西、福建、台湾、湖北、湖南、广东、广西、四川、云南、贵州、西藏；日本，朝鲜，印度尼西亚，印度，斯里兰卡。

黄杨绢野螟 *Cydalima perspectalis*（Walker，1859）

翅展 32-48 毫米。体背白色，前胸及腹部末几节黑褐色。前翅前缘和外缘黑褐色，中央白色，中室内有 1 白色小斑，中室端具白色肾形斑。后翅外缘黑褐色，中央白色。前后缘毛灰褐色。腹部基部 5 节白色，次末节基部黑色，端部白色，端节黑色。停歇时前后翅与腹部的白色区域相连形成三角形大斑。

寄主为小叶黄杨、雀舌黄杨等。

分布：北京、陕西、江苏、浙江、湖北、湖南、福建、广东、四川、西藏；日本，朝鲜，印度，欧洲（引入）。

瓜绢野螟 *Diaphania indica*（Saunders，1851）

翅展 24-28 毫米。头、胸及腹部 7-8 节黑褐色。前翅黑褐色，翅后缘至顶角处具 1 大三角形白斑，白斑具紫色闪光；后翅白色，外缘具黑褐色宽带。腹部基部 4 节白色，其后 2 节黑褐色，末节白色，具黄褐色鳞毛。停歇时前后翅与腹部的白色区域相连形成三角形大斑。

寄主为棉、木槿、大豆、黄瓜、丝瓜、西瓜、梧桐等。

分布：北京、天津、河北、河南、山东、江苏、浙江、安徽、福建、台湾、广东、广西、湖北、重庆、四川、贵州、云南；日本，朝鲜，法国，澳大利亚，印度，东南亚，非洲。

旱柳原野螟 *Euclasta stoetzneri*（Caradja，1927）

翅展 26-38 毫米。体、翅灰白色，头部褐色，具白色纵条。前翅中部具 1 条纵向白色宽带，外缘处具多条白色纵纹，缘线黑褐色，缘毛基部白色，端部褐色。后翅白色，近顶角处褐色。

寄主为旱柳。

分布：北京、陕西、甘肃、宁夏、内蒙古、吉林、黑龙江、河北、天津、山西、河南、山东、福建、湖北、四川、西藏；蒙古国。

白纹翅野螟 *Diasemia reticularis*（Linnaeus，1761）

翅展 16-20.5 毫米。体、翅灰褐色，雄蛾触角具纤毛，约与触角直径等长，雌蛾纤毛不明显。前翅中室内具 1 近三角形白斑，中室端部具 1 白色斑，近外缘处具 1 白色横线，在中部弯曲成角。后翅亦具斑纹。

寄主为菊科毛连菜属植物、车前。

分布： 北京、陕西、内蒙古、黑龙江、吉林、河北、江苏、浙江、台湾、湖北、广东、四川、贵州、云南；日本，朝鲜，印度，斯里兰卡，欧洲。

桑绢野螟 *Glyphodes pyloalis* Walker，1859

翅展 21-24 毫米。头背白色，胸腹背面黄褐色，两侧及腹面白色。翅白色，具黄褐色斑纹，中室内具 1 小黑点或无，中室端具 1 黄褐色宽带，上部具新月形斑，下部具眼斑。后翅白色，亚外缘线黑褐色，缘毛白色。

幼虫缀叶。寄主为桑树。

分布： 北京、陕西、辽宁、河北、山东、江苏、浙江、福建、广东、台湾、湖北、四川、贵州、云南；日本，朝鲜，越南，缅甸，印度，斯里兰卡。

菜螟 *Hellula undalis*（Fabricius，1794）

翅展 15-20 毫米。体、翅黄褐色，前翅亚基线锯齿状，内横线波状，外侧具褐色边，中室端具 1 黑色肾形斑，外横线淡黄色，近中部向外弧形突出，翅顶角具 1 个暗褐色斑。

1 龄幼虫潜叶，2 龄在叶面活动，3 龄缀叶，4 龄、5 龄潜入叶心或叶柄。寄主为多种十字花科蔬菜，如小白菜、大白菜、萝卜、花椰菜等。

分布：北京、陕西、甘肃、内蒙古、河北、山西、河南、山东、江苏、浙江、安徽、江西、福建、台湾、湖北、湖南、广东、广西、四川、云南；日本，澳大利亚，东南亚，南亚，欧洲，非洲。

豆荚野螟 *Maruca vitrata*（Fabricius，1787）

翅展 22-30 毫米。体、翅淡褐色，前翅前缘中基部及外缘茶褐色，中室斑白色，透明，下缘常半圆形内凹，中室斑内侧下方具 1 小白斑，中室斑外侧具 1 大透明斑。后翅白色，具多条不明显的波形横线，外缘暗褐色，波状，不达后角。

寄主为大豆、豇豆、田菁等豆科植物。

分布：北京、陕西、内蒙古、河北、天津、山西、河南、山东、江苏、浙江、福建、台湾、湖北、湖南、广东、广西、海南、四川、贵州、云南；日本，朝鲜，印度，斯里兰卡，美国（夏威夷），非洲。

玉米螟 *Ostrinia furnacalis*（Guenée, 1854）

翅展 24-35 毫米。雌蛾体、翅黄色，内线波状，中室中部及端部具褐斑，外线波状，后半部分弯向内侧，亚缘线锯齿形。雄蛾色较深，前翅内外线之间、翅外缘黄褐色，中足胫节大于后足，但不及 2 倍粗。后翅淡褐色，中部具 1 条浅色宽带。

寄主为玉米、高粱、谷子等作物。

分布: 广布于全国各玉米种植区；国外分布于日本、朝鲜、俄罗斯、南亚、东南亚至澳大利亚。

款冬玉米螟 *Ostrinia scapulalis*（Walker, 1859）

翅展 22-33 毫米。体、翅颜色多变，额两侧具乳白色纵纹。雄蛾前翅淡褐色，中部褐色，外线前半部齿形外突，外缘带褐色，内缘锯齿状。中足胫节粗大，为后足胫节的 2 倍粗。雌蛾前翅淡黄色至黄色，翅面斑纹褐色。

寄主为蜂斗菜、苍耳、马铃薯等。

分布: 北京、陕西、新疆、吉林、天津、河北、河南、上海、江苏、浙江、福建、台湾、湖北、湖南、广西、贵州、云南、西藏；日本，朝鲜，俄罗斯，印度。

枇杷扇野螟 *Pleuroptya balteata*（Fabricius，1798）

翅展25-34毫米。体、翅黄色，下唇须白色，端部黄褐色至褐色，上举过头顶。前翅中、后线不清晰，中室具1褐色圆形小斑，中室端部具1褐色方形大斑，翅外缘具浅褐色带。

寄主为盐肤木、麻栎、栗等。

分布： 北京、陕西、河南、浙江、江西、福建、台湾、湖北、四川、云南、西藏；日本，朝鲜，越南，印度尼西亚，印度，斯里兰卡，非洲。

白缘苇野螟 *Sclerocona acutella*（Eversmann，1842）

翅展23-25毫米。体、翅米黄色至橙黄色，触角浅黄白色，下唇须基部白色，端部黄褐色；前翅翅脉白色，缘毛白色；后翅淡黄色，无显著脉纹，沿外缘橙黄色。雄蛾前翅中室以下翅脉弯曲，翅反面可见1束鳞毛，正面呈现一疤痕。

寄主为芦苇；幼虫缀合叶片为害。

分布： 北京、江苏、安徽、湖南、湖北、浙江；朝鲜，日本，俄罗斯，欧洲。

楸螟野螟 *Sinomphisa plagialis*（Wilenman，1911）

翅展 33 毫米。体、翅白色，下唇须黑褐色，前伸。翅脉褐色，脉间银白色，前翅前缘区米黄色；前翅具 4 条黑褐色横纹，中室下方具褐色方形大斑，连接 1、2 两条横纹；后翅具 3 条黑褐色横纹，2、3 两条横纹在后方汇聚；缘毛白色。

寄主为楸树、梓树。

分布：北京、陕西、辽宁、天津、河北、河南、山东、江苏、浙江、安徽、湖北、四川、贵州；日本，朝鲜。

甜菜白带野螟 *Spoladea recurvalis*（Fabricius，1775）

翅展 24-26 毫米。体、翅褐色，复眼两侧和头后具白纹，腹部各节末端具白色环纹。前后翅中部具白色宽横带，前翅外横线处具 1 短白带及 2 个小白点。前翅缘毛褐色，外缘中、后部各具 1 白斑。后翅缘毛端半部白色，基半部褐色，中、后部各具 1 白斑。

寄主为甜菜、藜、苋、向日葵、棉花等。

分布：北京、陕西、内蒙古、黑龙江、吉林、辽宁、河北、天津、山西、山东、江西、安徽、福建、台湾、湖北、广东、广西、四川、贵州、云南、西藏；日本，朝鲜，澳大利亚，东南亚，南亚，非洲，美洲。

尖锥额野螟 *Sitochroa verticalis*（Linnaeus，1758）

翅展 26-28 毫米。体、翅黄褐色，内线波状，中室具斑纹，外线和亚缘线锯齿状。后翅外线和亚缘线黑褐色。前后翅反面具大而明显的黑褐色斑纹。

幼虫缀叶。寄主为大豆、苜蓿、甜菜、紫苜蓿等。

分布：北京、陕西、甘肃、青海、宁夏、新疆、内蒙古、黑龙江、辽宁、河北、天津、山西、山东、江苏、四川、云南、西藏；日本，朝鲜，印度，俄罗斯，欧洲。

细条纹野螟 *Tabidia strigiferalis* Hampson，1900

翅展 20-24 毫米。体、翅淡黄色，前足股节具黑色条纹，胫节近中部具黑环。腹部背面无黑点，或除末节外各节具黑色纵条。前翅基部、中室内、中室端及中室下各具 1 黑斑，中室外侧具 1 排圆弧形黑色短纵纹。亚外缘线由黑斑排列成弧形，但最后 2 斑不在弧线中。

分布：北京、陕西、甘肃、黑龙江、河北、浙江、安徽、福建、海南、四川；朝鲜，俄罗斯。

84. 枯叶蛾科 Lasiocampidae

杨树枯叶蛾 *Gastropacha populifolia* Esper，1784

翅展雄蛾38-63毫米，雌蛾54-96毫米。体、翅黄褐色，触角羽状。前翅窄长，外缘和后缘波浪状，基半部有黑色波状横纹，有时不明显，中室具1黑斑。体色及前翅斑纹变化较大，有深褐色、黄色等，有时翅面斑纹模糊或消失。

11月低龄幼虫开始越冬。寄主为杨、旱柳、苹果、梨、桃、樱桃、李、杏、栎、柏、核桃等。

分布：北京、河北、山西、内蒙古、辽宁、黑龙江、江苏、浙江、安徽、江西、山东、河南、湖北、湖南、广西、四川、云南、陕西、甘肃、青海；欧洲，俄罗斯，日本，朝鲜。

85. 蚕蛾科 Bombycidae

野蚕 *Bombyx mandarina*（Moore，1872）

体长10-20毫米，翅展31-47毫米。体、翅灰褐色，前翅具2条深褐色横纹，分别位于前翅1/3处和2/3处，中室具1肾形斑，顶角及外缘具褐色边。后翅后缘中央具1黑色斑，外围白色。

寄主为桑。

分布：北京、河北、山西、内蒙古、吉林、辽宁、黑龙江、江苏、浙江、安徽、江西、山东、河南、湖北、湖南、广西、广东、台湾、云南、陕西、甘肃、西藏；日本，朝鲜。

86. 天蛾科 Saturniidae

榆绿天蛾 *Callambulyx tatarinovi*（Bremer & Grey，1853）

翅展 70-80 毫米。体、翅绿色，前翅中部具 1 大片深绿色斑，顶角处具 1 三角形深绿色斑。后翅暗红色，臀角处具狭长的深绿色斑。

寄主为榆、柳等。

分布： 北京、河北、天津、新疆、内蒙古、黑龙江、吉林、辽宁、山东、山西、陕西、宁夏、河南、安徽、上海、浙江、湖南、湖北、四川、福建、西藏；蒙古国，朝鲜，俄罗斯。

钩月天蛾 *Parum colligata*（Walker，1856）

翅展 65-80 毫米。体、翅灰绿色至暗褐色，前翅具深色大斑纹，中室具 1 白点，顶角处具 1 半圆形紫褐色斑。后翅臀角处具 1 深黑色斑。

寄主为构树、桑树等。

分布： 北京、吉林、辽宁、山西、山东、河北、河南、上海、浙江、安徽、江西、福建、台湾、湖南、湖北、广东、香港、云南、贵州、四川、西藏；日本，朝鲜，越南，缅甸，泰国。

蓝目天蛾 *Smerinthus planus* Walker，1856

翅展 80-90 毫米。体、翅黄褐色，前翅基半部浅褐色，中室具 1 浅色斑，近后角具 1 小缺刻。后翅中部具 1 大眼斑，瞳黑色，其外具天蓝色缘边，最外侧为宽黑边，眼斑之前红色至粉红色。

寄主为杨、柳、苹果、海棠、李等。

分布：中国广泛分布；日本，朝鲜，俄罗斯，蒙古国。

小豆长喙天蛾 *Macroglossum stellatarum*（Linnaeus，1758）

翅展 48-50 毫米。体、翅灰褐色，腹部两侧具白毛，末端具黑毛。前翅具 2 条黑色弯曲横线，中室处具 1 小黑点；后翅为鲜艳的橙黄色。

白天在花丛中吸食花蜜，常被误认为蜂鸟。成虫越冬，偶见冬天成虫出来觅食。幼虫寄主为茜草科、豆科等植物。

分布：北京、陕西、甘肃、内蒙古、青海、新疆、吉林、辽宁、河北、山西、河南、山东、浙江、湖南、湖北、四川、广东、海南；日本，朝鲜，越南，印度，欧洲等。

87. 尺蛾科 Geometridae

丝棉木金星尺蛾 *Abraxas suspecta* Warren，1894

翅展 37-42 毫米。体橙黄色，腹部具小黑斑。翅银白色，具多个灰色暗斑，前翅翅基、臀角处锈黄色，中室灰色暗斑内具 1 圆环形暗黄色斑。后翅臀角处锈黄色。

1 年 3 代，以蛹越冬。寄主为丝棉木、木槿、卫矛、大叶黄杨、女贞、七里香、扶芳藤、杨、柳、榆、槐等。

分布： 北京、陕西、甘肃、河北、山西、山东、上海、江苏、江西、湖北、湖南、台湾、四川。

槐尺蛾 *Chiasmia cinerearia*（Bremer & Grey，1853）

翅展 30-45 毫米。体、翅灰褐色，腹部每节具 2 个黑色斑点。前翅具 3 条横线，分别位于 1/4、2/4、3/4 处，外线最明显，在近前缘断裂，裂前斑纹呈三角形，裂后多由 3 列黑斑组成，并被灰褐色翅脉分开。后翅具 2 条横线，外线为双线，外缘波状。

北京 1 年 3-4 代。寄主为国槐、龙爪槐。

分布： 北京、陕西、宁夏、甘肃、黑龙江、吉林、辽宁、河北、天津、山西、河南、山东、江苏、安徽、浙江、江西、湖北、台湾、广西、广东、四川、西藏等；日本，朝鲜。

上海枝尺蛾 *Macaria shanghaisaria* Walker，1861

翅展21-25毫米。体、翅浅黄棕色，前翅具3条黄褐色横带，外带最宽且颜色最深，3条带前缘具黑色斑，顶角下翅缘具黑色弧带。后翅外缘中部突出。

寄主为杨、柳等。

分布：北京、黑龙江、吉林、辽宁、上海；日本，朝鲜，俄罗斯，哈萨克斯坦。

大造桥虫 *Ascotis selenaria*（Denis & Schiffermüller，1775）

翅展24-50毫米。体色变化较大，常见浅黑褐色，多具黑褐色横线和斑纹，前后翅中室均具1圆环形黑色斑，亚基线和外横线锯齿状。触角羽状，但分支较短。

1年多代，以蛹越冬。寄主为苹果、棉、梨、豆类等。

分布：中国广泛分布。日本，朝鲜，印度，斯里兰卡，俄罗斯至欧洲，南至非洲。

刺槐外斑尺蛾 *Ectropis excellens*（Butler，1884）

翅展32-50毫米。体、翅灰褐色，腹部第2、3节背板上有2个黑斑。翅面散布黑褐色斑点，多条横线常不明显，前翅中室具1个黑色圆形斑。后翅颜色、斑纹与前翅相近，无圆形斑。

寄主为刺槐、杨、柳、榆、栎、苹果、梨、花生、绿豆等。

分布：北京、黑龙江、吉林、辽宁、河南、台湾、广东、四川；日本，朝鲜，俄罗斯。

紫条尺蛾 *Timandra recompta*（Prout，1930）

翅展 20-25 毫米。体、翅浅黄色，前翅中室处具 1 浅紫色斑。前、后翅各具 1 条紫色斜线，停息时连成 1 条完整斜线，前翅外缘、后翅外缘及后缘具紫色边。

寄主为萹蓄。

分布：北京、黑龙江、河北、河南、山东、湖北、湖南；日本，俄罗斯。

毛足姬尺蛾 *Idaea biselata*（Hufnagel，1767）

翅展 14-19 毫米。体、翅土黄色，前、后翅具 3 条横线，外线锯齿形，外侧常具褐色云斑，中室具 1 褐色斑点。缘毛土黄色。

幼虫寄主多样，包括：天门冬、蒲公英、栎树、蓼、车前等。

分布：北京、甘肃、山东；日本，朝鲜，俄罗斯，欧洲。

旋姬尺蛾 *Idaea aversata*（Linnaeus，1758）

翅展约 24 毫米。体、翅浅灰褐色，头顶灰白色，翅面密布黑褐色小点。前翅 1/3 和 2/3 处具 2 条黑褐色横线，后翅端部 1/3 处具 1 条黑褐色横线，前、后翅中室处具 1 小黑点；缘线黑褐色，缘毛浅灰色。

幼虫寄主多样，包括：拉拉藤、繁缕、蒲公英、蓼等。

分布：北京、甘肃、山东；日本，俄罗斯至欧洲，北非。

泛尺蛾 *Orthonama obstipata*（Fabricius，1794）

前翅 9-12 毫米。体、翅灰褐色，前翅中部具 1 条黑色带，前宽后窄。中室处具 1 椭圆形白斑，内具黑点，位于带内。缘线在翅脉端具 1 对小黑点。后翅外缘中部突出。

幼虫取食多种低矮的双子叶植物，尤其偏好菊科植物。

分布： 北京、甘肃、内蒙古、辽宁、河北、河南、山东、上海、浙江、福建、湖南、广西、四川、云南、西藏；世界广泛分布。

88. 舟蛾科 Notodontidae

槐羽舟蛾 *Pterostoma sinicum* Moore，1877

翅展 56-80 毫米。体、翅灰黄色；下唇须粗壮而多毛，前伸，长度与胸部接近。胸部具黑褐色冠状毛簇，前端浅灰色。前翅具多条波状横线，翅脉处颜色加深，外缘锯齿状。

寄主为槐、洋槐、多花紫藤、朝鲜槐。

分布： 北京、陕西、甘肃、河北、山西、上海、江苏、浙江、安徽、湖南、广西、云南；日本，朝鲜，俄罗斯。

角翅舟蛾 *Gonoclostera timoniorum*（Bremer，1861）

翅展29-33毫米。体、翅棕褐色，胸部暗褐色，各足跗节具白色环纹。前翅前缘中部具暗褐色大三角形斑，其外侧具浅灰色横纹，其后方与翅后缘间具暗褐色细横线；中室端具1小白点；前翅外缘中部突出呈角状。

寄主为多种柳。

分布：北京、陕西、甘肃、辽宁、吉林、黑龙江、山东、江苏、上海、安徽、浙江、江西、湖北、湖南；日本，朝鲜，俄罗斯。

杨扇舟蛾 *Clostera anachoreta*（Denis & Schiffermüller，1775）

翅展26-43毫米。体、翅灰褐色，各足胫节多毛；胸部前端具暗色斑；腹部末端具鳞毛簇。前翅具3条白色横线，顶角处具大片暗褐色斑，外侧横线穿过此斑，其外侧具4-5枚金红色小斑；后缘外侧1/4附近具1黑色长形斑。

寄主为多种杨、柳。

分布：国内广泛分布（除广东、广西、海南和贵州外）；日本，朝鲜，欧洲，越南，印度尼西亚，印度，斯里兰卡。

杨小舟蛾 *Micromelalopha sieversi*（Staudinger，1892）

翅展 27-38 毫米。体、翅黄褐色至红褐色，各足胫节多毛。前翅具 3 条白色波状横线，中横线在后半部分叉，外叉不如内叉清晰；外横线外侧灰褐色，其内常具 2 条不明显的黑色波浪纹。

寄主为杨、柳。

分布：北京、黑龙江、吉林、山东、江苏、浙江、安徽、江西、湖北、湖南、四川、云南、西藏；日本，朝鲜，俄罗斯。

89. 毒蛾科 Lymantriidae

杨雪毒蛾 *Leucoma candida*（Staudinger，1892）

雄性翅展 35-42 毫米，雌性 48-52 毫米。体、翅白色，触角具黑白环纹，栉齿黑褐色，下唇须黑色。各足跗节具黑白环纹。翅白色，鳞片排列密，不透明。

北京 1 年 2 代，低龄幼虫越冬。寄主为杨、柳。

分布：北京、陕西、青海、甘肃、辽宁、吉林、黑龙江、河北、山西、河南、山东、江苏、浙江、安徽、福建、江西、湖北、湖南、四川、云南；日本，朝鲜，俄罗斯。

载盗毒蛾 *Euproctis pulverea*（Leech，1889）

雄性翅展 20-22 毫米，雌性 30-33 毫米。胸部两色，前端被黄色长毛，后端被灰褐色长毛；前翅大部灰褐色，其内散布黑色鳞片；中部具 1 条淡褐色横线；前缘黄色；外缘具黄色宽带，灰褐色区域外侧具 2 个齿突。各足黄色，密布黄色长毛。

寄主为刺槐、苹果、榆、茶等。

分布： 北京、河北、山东、浙江、江苏、安徽、福建、台湾、湖北、湖南、四川、广西；日本，朝鲜，俄罗斯。

盗毒蛾 *Porthesia similis*（Fuessly，1775）

翅展 30-45 毫米。体、翅白色，触角栉齿黄褐色。前翅基部和后缘近臀角处各具 1 黑斑，有时黑斑消失。各足密布白色长毛。腹部被金黄色长毛。

寄主为杨、柳、槐、栎、桦、蔷薇、李、梨、苹果、山楂、桑等多种阔叶树。

分布： 北京、陕西、青海、内蒙古、辽宁、吉林、黑龙江、河北、山东、江苏、上海、浙江、福建、台湾、湖北、湖南、广西；日本，朝鲜，俄罗斯，欧洲。

90. 灯蛾科 Arctiidae

红星雪灯蛾 *Spilosoma punctarium*（Stoll，1782）

翅展 31-44 毫米。体、翅白色，前足基节及股节上方红色，触角及各足胫节、跗节上方黑色。翅具多个黑斑，有时减少或消失。腹部除基节和端部外红色，背面及侧面各具黑斑。

寄主为桑、山茱萸、甜菜等。

分布：北京、陕西、辽宁、吉林、黑龙江、江苏、安徽、浙江、台湾、江西、湖北、湖南、四川、贵州、云南；日本，朝鲜，俄罗斯。

美国白蛾 *Hyphantria cunea*（Drury，1773）

翅展 28-38 毫米。体、翅白色，触角主干及栉齿下方黑色，前足股节以上橘黄色，胫节、跗节正面有黑斑，背面白色。雄性前翅具众多黑斑，有时减少或消失。

寄主十分广泛，如白蜡、榆、臭椿、桑、李、杨、柳等。该种是世界重要的入侵害虫，原产北美洲，现入侵欧亚大陆多个国家，我国于 1979 年首次发现。

分布：北京、辽宁、天津、河北、山东；日本，朝鲜，俄罗斯，欧洲，北美洲。

91. 瘤蛾科 Nolidae

苹米瘤蛾 *Evonima mandschuriana*（Oberthür，1880）

翅展 17-26 毫米。头、胸白色，下唇须褐色，短，前伸。前翅黑褐色，中部有褐色斑纹，顶角处有白色斑纹，外缘褐色。缘毛及后翅暗褐色。

寄主为苹果、蒙古栎、青冈树等。

分布：北京、黑龙江、河南、江西、四川；日本，朝鲜，俄罗斯。

粉缘钻夜蛾 *Earias pudicana* Staudinger，1887

翅展 20-21 毫米。体、翅黄绿色，下唇须褐色，中后胸有时粉红色。前缘基半部有时具 1 条粉红色纵纹，中室端具 1 褐色圆点或消失，缘毛褐色。

幼虫在杨、柳嫩梢上做虫苞，取食叶片，北京 1 年 2 代。寄主为杨、柳。

分布：北京、黑龙江、河北、江苏、浙江、江西、四川；日本，印度。

92. 夜蛾科 Noctuidae

点眉夜蛾 *Pangrapta vasava*（Butler，1881）

翅展 25-28 毫米。体、翅褐色，停息时双翅斜上举，下唇须上举并向后弯曲。前翅前缘中部具浅灰色三角形斑，外缘锯齿状。后翅中室处具 4 个圆形白斑。

寄主为榆。

分布：北京、江苏、山东、安徽、江西、福建、台湾；日本，朝鲜，俄罗斯。

黑点贫夜蛾 *Simplicia rectalis*（Eversmann，1842）

翅展 27-32 毫米。体、翅淡褐色，下唇须上举并向后弯曲。前翅具 3 条横线，内横线和中横线深褐色，弧状外凸，外横线白色，直。中室处具 1 黑褐色小点，缘线白色。

该属幼虫多取食枯叶。

分布：北京、黑龙江、吉林、江苏；日本，俄罗斯，欧洲。

窄肾长须夜蛾 *Herminia stramentacealis* Bremer，1864

翅展 20-23 毫米。体、翅灰褐色，下唇须上举并向后弯曲。前翅具 3 条黑褐色波状横线，中横线内侧具 1 条深褐色宽横带，中室端具 1 黑褐色肾形斑，缘线具 1 列小黑点。后翅淡灰色，具 2 条横线。

寄主为榉树。

分布：北京、山东、江苏；日本，朝鲜，俄罗斯。

长须夜蛾 *Hypena proboscidalis*（Linnaeus，1758）

翅展 35-39 毫米。体、翅灰褐色，下唇须前伸。前翅密布黑色斑点，具 2 条棕褐色横线，内横线较短，从翅中部至后缘，外横线较长，从前缘至后缘；前缘具 1 列密集黑点；亚端线黑色，呈不规则锯齿形；端线黑色，缘毛浅灰色。

寄主为荨麻属植物。

分布：北京、黑龙江、四川、新疆；日本，印度，欧洲，北非。

豆弯须夜蛾　*Hypena tristalis* Lederer，1853

翅展28-32毫米。体、翅棕褐色，下唇须前伸。前翅前缘中部具1四边形黑褐色斑纹，其内具1淡褐色三角形区；近顶角处具1深褐色钩形斑，亚缘线和缘线为1列黑点，缘毛褐色。

寄主为大豆、野线麻、荨麻、春榆、葛等植物。

分布：北京、黑龙江、河北；日本，朝鲜，俄罗斯。

残夜蛾　*Colobochyla salicalis*（Denis & Schiffermüller，1775）

翅展24-26毫米。体、翅灰褐色，下唇须前伸。前翅具3条黑褐色平行横线，内横线外侧及中、外横线内侧具黄色横带，外缘具1列小黄点。

寄主为杨、柳。

分布：北京、新疆、辽宁、吉林、黑龙江、河北；日本，朝鲜，俄罗斯，伊朗，土耳其，欧洲。

隐金夜蛾　*Abrostola triplasia*（Linnaeus，1758）

翅展31-36毫米。头胸褐色，腹部及翅黑色。前翅基部淡褐色，1/4及3/4处具2条深黑色横线，内横线内侧及外横线外侧具深褐色纹，中室处具不明显的环纹和肾纹，缘线黑色。

寄主为荨麻属、野芝麻属植物。

分布：北京、黑龙江、河北、浙江、湖北、四川；日本，西亚，欧洲。

白条夜蛾　*Ctenoplusia albostriata*（Bremer & Grey，1853）

翅展 33-36 毫米。体、翅灰褐色，胸腹部具高耸的毛丛，胸部的在背面呈"V"形。前翅中部具 1 条白色斜带，内部具 2 条褐色细纹，中室端具 1 个黑褐色肾形环纹，亚端部具 1 条黑色锯齿状横线。

幼虫取食加拿大一枝黄花、香丝草等多种菊科植物，寄主植物还包括茜草科、蓼科等植物。

分布：北京、陕西、黑龙江、河北、江苏、安徽、湖北、湖南、福建、台湾、广东、香港；日本，朝鲜，俄罗斯，印度，印度尼西亚，大洋洲。

瘦银锭夜蛾　*Macdunnoughia confusa*（Stephens，1850）

翅展 31-34 毫米。体、翅褐色，下唇须上举，胸腹部具高耸的毛丛，胸部的在背面呈"V"形。前翅中室处具 1 白色长纵斑，前部略内凹，此斑后方直至后缘金黄色。

寄主为大豆、母菊、牛蒡、甘蓝、胡萝卜、蒲公英等。

分布：北京、陕西、新疆、河北、山东；日本，朝鲜，印度，中东至欧洲。

中弧金翅夜蛾　*Thysanoplusia intermixta*（Warren，1913）

翅展 37 毫米左右。头部及胸部红褐色；腹部黄白色。前翅棕褐色，基线与内线灰白色，环纹斜，肾纹具灰白色边缘，前翅具大型金斑，金斑自外缘延伸至环纹后端，于前缘处仅达端部 1/4，后角附近全为褐色；后翅基半部浅黄，端部褐色。

寄主为菊、蓟、牛蒡等。

分布：北京、河北、陕西、福建、四川、贵州；印度，越南，印度尼西亚。

标瑙夜蛾 *Maliattha signifera*（Walker，1858）

翅展 16-17 毫米。体翅白色，前翅中部具 1 黑褐色波状横线，外侧具淡褐色至草绿色宽横带，中室端具 1 黑褐色钩形纹，外侧具 1 大黑斑。亚端部具不规则黑斑，缘线为黑点列。

寄主为莎草科植物。

分布：北京、河北、江苏、江西、福建、湖北、香港、广东、广西；日本，朝鲜，缅甸，马来西亚，印度，斯里兰卡，大洋洲等。

谐夜蛾 *Acontia trabealis*（Scopoli，1763）

翅展 19-22 毫米。体、翅淡黄色，下唇须上举。前翅前缘具 5 个黑色圆形斑，后方具 2 个黑色圆形斑，中部和后缘各具 1 条黑色纵纹，在前翅 3/4 处与 1 黑色横带相连，横带有时与前缘第 4 个黑斑相连，外侧具一些黑斑。

寄主为甘薯、田旋花。

分布：北京、陕西、青海、新疆、内蒙古、黑龙江、河北、江苏、广东；日本，朝鲜，中亚至欧洲，非洲。

梨剑纹夜蛾 *Acronicta rumicis*（Linnaeus，1758）

翅展 32-46 毫米。体、翅灰褐色，前胸背板密布灰褐色绒毛。前翅中室处具 1 白色圆形斑，围以黑线，近后缘处具 1 白斑，亚端部具黑色锯齿状双横线，有时不明显。

寄主为梨、苹果、桃、山楂、蓼、悬钩子、草莓等。

分布：北京、新疆、黑龙江、河南、湖北、四川、贵州；日本，朝鲜，俄罗斯，西亚，欧洲，北非。

二点委夜蛾 *Athetis lepigone*（Möschler，1860）

翅展 20-28 毫米。体、翅淡褐色，前翅中部具 2 个黑斑，外侧常具 1 白斑，外缘具 1 列黑点，缘毛黑褐色。后翅银灰色。

寄主为玉米幼苗。

分布：北京、河北、山西、河南、山东、江苏、安徽；日本，朝鲜，俄罗斯。

莴苣冬夜蛾 *Cucullia fraterna* Butler，1878

翅展 44-47 毫米。体、翅灰褐色，头顶、胸背和前足股节具银白色簇毛丛。翅面密布亮银色鳞片，翅脉黑色，缘线锯齿状，缘毛灰褐色。

寄主为莴苣、苦荬菜等。

分布：北京、内蒙古、新疆、辽宁、浙江、江西；日本。

甘蓝夜蛾 *Mamestra brassicae*（Linnaeus，1758）

翅展 40-47 毫米。体、翅暗褐色，前足胫节端部具 1 弧形距。前翅中室处具 2 个黑色圆环，较前方环线大而细，较后方环线小而粗，外侧具 1 黑边肾形纹，纹内部的外侧具白斑。

成虫迁飞性，北方 1 年 3-4 代。寄主为甘蓝、白菜、萝卜、菠菜、苋菜、藜、苹果等。

分布：北京、陕西、甘肃、青海、宁夏、内蒙古、辽宁、吉林、黑龙江、河北、河南、山西、山东、浙江、江西、湖北、湖南、四川、西藏；日本，俄罗斯，印度，欧洲。

八字地老虎 *Xestia c-nigrum*（Linnaeus，1758）

翅展 29-36 毫米。体、翅灰褐色，颈部背面有灰白色斑。前翅中部具 1 黑色梯形斑，内侧具 1 黑色三角形斑，外侧具 1 不明显的黑边肾形纹，亚端线淡褐色，顶角处具 1 黑色斜纹。

大龄幼虫夜间取食，咬断地表的嫩茎。寄主为多种植物的幼苗。

分布：全国广泛分布；亚洲，欧洲，美洲。

甜菜夜蛾 *Spodoptera exigua*（Hübner，1808）

翅展 19-29 毫米。体、翅灰褐色；前翅中室内具 1 环纹，中室端具 1 肾形纹，二者均具黑边，内部为粉黄色或褐色，有时不同程度地杂有黑鳞；肾形纹周边颜色常较深；前翅外缘具 1 列黑点；环纹后方常有 1 不明显的三角形斑；后翅半透明，缘毛白色。

幼虫寄主多样，危害多种农作物，如甜菜、棉花、玉米、天门冬等。

分布：北京、陕西、河北、河南、山东、湖北、湖南、云南等；日本，缅甸，印度，西亚至欧洲，非洲，大洋洲。

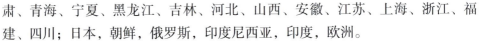

朽木夜蛾 *Axylia putris*（Linnaeus，1761）

翅展 28-30 毫米。头部黄白色，领片黄褐色，胸部褐色。前翅黄褐色，前缘具黑边，基线、内线及外线均双线、黑色，有时不清晰，中室处具 1 灰白色环纹和灰白色肾形纹，中央黑色，外线外侧具 2 列黑点，端线具 1 列黑点。

寄主为繁缕属、缤藜属、车前属植物。

分布：北京、新疆、甘肃、青海、宁夏、黑龙江、吉林、河北、山西、安徽、江苏、上海、浙江、福建、四川；日本，朝鲜，俄罗斯，印度尼西亚，印度，欧洲。

93. 凤蝶科 Papilionidae

柑橘凤蝶 *Papilio xuthus* Linnaeus，1767

翅展 61-95 毫米。翅面淡黄色，具尾突。前翅中室端部具 2 个黑斑，基部有 4 条黑色纵纹。后翅亚外缘区具 1 条黑带，且其上散布有 5 个蓝色斑块，臀角处有 1 个黄色圆斑。以蛹越冬。

在北京平原地区主要取食花椒，常见寄主植物还包括山花椒、柑橘、黄檗等。

分布：我国大部分省份；日本，朝鲜，缅甸，菲律宾，越南。

94. 粉蝶科 Pieridae

菜粉蝶 *Pieris rapae*（Linnaeus，1758）

翅展42-54毫米，翅白色。前翅前缘基部具黑色纹，顶角黑色，翅面中下部有2个黑色圆斑。后翅前缘中央处具1个黑斑。

寄主为十字花科多种植物，田间为害各类十字花科蔬菜。

分布：中国大部分地区；整个北温带，包括美洲北部直到印度北部。

云粉蝶 *Pontia daplidice*（Linnaeus，1758）

翅展35-55毫米，翅面白色。前翅正面中室端部及顶角处具黑色斑纹，后翅正面斑纹不明显。后翅反面大部被黄褐色斑纹覆盖。

寄主为十字花科多种植物，田间为害各类十字花科蔬菜。

分布：北京、河北、黑龙江、辽宁、西藏、新疆、青海、甘肃、宁夏、陕西、山西、河南、山东、江西、浙江、广东、广西；俄罗斯，非洲北部，西亚，中亚。

95. 蛱蝶科 Nymphalidae

黄钩蛱蝶 *Polygonia c-aureum*（Linnaeus，1758）

翅展 48-57 毫米。翅黄褐色，翅外缘有黑色带，前翅中室内有 3 个黑斑，近基部的黑斑最小，翅外缘的角突尖锐。后翅中央的黑斑内具紫灰色鳞片。后翅反面有 1 银白色 "C" 形纹。末龄幼虫灰褐色，具黄色环形纹，体表着生黄色长枝刺。

在北京平原地区主要取食葎草，寄主植物还包括榆、梨、大麻、亚麻等。以成虫越冬。

分布：全国广泛分布；朝鲜，蒙古国，日本，越南，俄罗斯。

柳紫闪蛱蝶 *Apatura ilia* Denis & Schiffermüller，1775

翅展 55-72 毫米。翅面暗褐色，有蓝色闪光，翅缘略呈波状。前翅近顶角处具 3 个白斑，中室端部具 1 条白斑带，中室下方具 2 个白斑，Cu1 室具 1 个外围橙色环的黑斑。后翅具 1 条白色中横带，近臀角处有 1 个外围橙色环的黑斑。

寄主为杨、柳等。成虫飞行迅速，喜在榆树或粪便上吸取汁液，以幼虫越冬。

分布：北京、河北、黑龙江、辽宁、吉林、甘肃、青海、山西、陕西、新疆、山东、河南、浙江、江苏、福建、四川、云南；朝鲜，欧洲。

96. 灰蝶科 Lycaenidae

红灰蝶 *Lycaena phlaeas*（Linnaeus，1761）

翅展 32-35 毫米。前翅橙红色，中室中部及端部各有 1 黑斑，中室外侧 1 列黑斑 7 枚，前 3 斑外斜，后 2 斑相连，端带黑色较宽。后翅黑褐色，中室端有 1 长黑斑，外缘有 1 橙红色宽带，翅外缘在臀角部内凹，缘毛灰白色。前翅反面橙黄色，中室基部有 1 黑斑，余

斑同正面，端带灰白色，内侧下部有 3 枚黑色长方形斑，后缘灰白色。后翅灰褐色，基部有 5 个小黑斑，亚缘 1 列小黑斑，端带橙红色，呈锯齿状。

寄主为酸模、何首乌等蓼科植物。

分布：北京、河北、辽宁、吉林、黑龙江、河南、山东、陕西、甘肃、新疆、西藏、浙江、江苏等；欧洲，亚洲，美洲。

蓝灰蝶 *Everes argiades*（Pallas，1771）

翅展 20-28 毫米。雄翅正面蓝紫色，外缘黑色，缘毛白色，后翅沿外缘有 1 列小黑斑，Cu2 脉延伸成小尾突，尖端白色。雌翅正面黑褐色，后翅外缘近臀角具 2-4 个橙红色斑。翅反面白色，前后翅中室端有淡色细横纹，外侧有 3 列

斑，前翅内列斑整齐清楚，后翅斑不整齐。外 2 列斑色淡，夹有橙红色斑。后翅橙斑外侧黑斑清晰，中室及前缘还各具 1 小黑斑。

该种为北京城区最常见的灰蝶，寄主以豆科植物为主，包括苜蓿、紫云英、大巢菜、豌豆等。

分布：中国大部分省区均有分布；国外分布于日本、朝鲜、俄罗斯、欧洲、北美洲等。

琉璃灰蝶　*Celastrina argiolus*（Linnaeus，1758）

翅展 22-32 毫米。翅正面蓝灰色，缘毛白色，脉端黑色；雌性翅前缘及外缘形成黑色宽带。翅反面白色，中室端具 1 淡灰色横纹；前翅外缘具 3 列黑斑，内列排列近成直线，第 1 斑位置内移；后翅基部具 3 枚黑斑，中列斑呈新月形排列，外列圆弧状排列。

成虫常见于水边飞行，于泥泞地面吸水。幼虫寄主多样：桦、刺槐、茶藨子、苹果、山楂、李、悬钩子、胡枝子、蚕豆等。

分布：中国大部分省区都有分布；国外广泛分布于欧亚大陆。

乌洒灰蝶　*Satyrium w-album*（Knoch，1782）

翅展 35-38 毫米。翅正面黑褐色，雌性略带蓝色闪光；雄性中室端上方有 1 近椭圆形性标。后翅具 2 对尾突，臀角处具橙色斑。翅反面灰褐色；前翅亚缘线白色，末端向内弯曲；后翅亚缘线在臀角上方呈 "W" 形，外缘线 2 条，波状，内夹有橙色带纹，带纹中 Cu1、Cu2 室各具 1 黑色圆点，Cu2 室圆点内杂有青蓝色鳞片，臀角黑色。

成虫见于 6 月。寄主为榆树、苹果、山毛榉等。

分布：北京、河北、辽宁、吉林、黑龙江、河南、陕西、青海、宁夏、甘肃；日本，欧洲等。

东亚燕灰蝶　*Rapala micans*（Bremer & Grey，1853）

翅展 28-36 毫米。翅正面黑褐色，前翅基半部及后翅大部具蓝紫色闪光，有时在中室外具红斑；雄蝶后翅前缘近基部具 1 近椭圆形性标；后翅具 1 对尾突。翅反面灰褐色（春型）或黄褐色（夏型）；亚缘线褐、黑、白 3 色，前翅亚缘线直，后翅亚缘线后部带橙色，在臀角上方呈"W"形；后翅外缘线模糊，Cu1 室具内黑外橙色圆点，Cu2 室具带青蓝色鳞片的黑色圆点，臀角黑色。

成虫喜访花。寄主为野蔷薇、鼠李、枣等。

分布：北京、河北、河南、江苏、浙江、江西、福建、台湾、湖北、湖南、广东、广西、重庆、云南。

97. 大蚊科 Tipulidae

角突短柄大蚊　*Nephrotoma cornicina*（Linnaeus，1758）

头黄色，后头黑褐色。触角 13 节，柄节褐黄色；梗节褐色；鞭节黑褐色。胸部黄色；前胸背板两侧深褐色；中胸前盾片有 3 个亮黑色纵斑，侧斑端部外弯；盾片两侧各有 1 个外弯的亮黑色斑；小盾片黄褐色。翅灰黄色，翅痣褐色，近基部被毛，翅脉黄褐色。腹部浅褐黄色，背板中央有 1 条褐色纵带。第 8 节黑褐色。雄腹端第 9 背板后缘中央深凹陷。

该种分布范围广，适应性强，幼虫陆生，可在干燥沙质土壤至靠近河岸地区的草地及林地潮湿土壤中存活。

分布：北京、内蒙古、甘肃；俄罗斯，蒙古国，日本，加拿大，中亚，西亚，欧洲。

双斑比栉大蚊　*Pselliophora bifascipennis* Brunetti，1911

体橙黄色、橙红色、褐色或黑色。雄虫触角栉状，雌虫触角短线状。中胸前盾片如呈橙黄或橙红色，则前缘黑褐色，其后常具 1 黑色细纵纹。翅褐色，翅基部具 1 大的浅黄色扇形斑；翅痣黄色，翅面具 2 组大型黑斑。橙色型足橙色至黄褐色，后足胫节近基部具 1 浅黄色或浅白色环；黑色型各足股节端部具明显的黑色环、胫节端半部黑色或具窄的黄褐色亚端环。

幼虫无足型，生活在潮湿的朽木、树洞或土壤的腐殖质里，腐食性；蛹细长，蛹期 10 天左右；成虫基本不进食，仅补充水分，寿命较短。

分布：北京、河北、山东、河南、黑龙江、吉林、辽宁、内蒙古、江苏、上海、浙江、广东；俄罗斯，朝鲜，韩国，日本。

小稻大蚊　*Tipula latemarginata* Alexander，1921

头部灰黑色，密被灰白色粉被；喙黄褐色；鼻突细长。触角柄节和梗节褐色；鞭节逐渐由黄褐色变成黑褐色，除基鞭节外各节基部略膨大，具毛轮。胸部灰褐色，被灰白色粉被；中胸前盾片上有 4 条深色纵纹；胸侧灰白色。翅透明，浅灰褐色，前缘及翅痣深褐色，翅痣近端沿横脉处

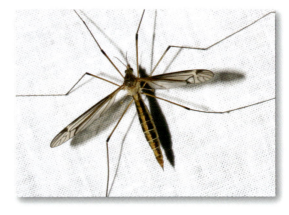

发白，dm 室近平行四边形。腹部黑褐色，被灰白色粉被。

常见于针阔混交林、稻田等地；幼虫生活在林间溪流或地表径流的落叶中、稻田、潮湿的土壤中等。在野外适生环境或实验室饲养条件下 1 年 3 代。

分布：北京、河北、山西、吉林、辽宁、内蒙古、河南、陕西、宁夏、新疆、安徽、浙江、湖北；俄罗斯，韩国，日本，哈萨克斯坦。

98. 蛾蠓科 Psychodidae

白斑蛾蠓 *Telmatoscopus albipunctatus*（Williston，1893）

　　体长约3毫米，翅展6-7毫米；体灰褐色，密被灰白色长绒毛。触角长于翅宽，16节，每节长宽近等，具环毛。翅褐色，沿翅脉着生灰色绒毛，翅脉间光洁；缘毛较长；翅中部具2枚黑色毛点；沿翅缘具灰白色缘斑，臀角处具较大的灰白色缘斑。停息时两翅平展，伸向侧后方。

　　与星斑蛾蠓 *Psychoda alternata* 同为北京常见的蛾蠓，成虫不咬人，幼虫生活于下水道中，但白斑蛾蠓多见于室外。

　　分布：北京、山东、浙江、江苏、台湾等；世界广泛分布。

99. 毛蚊科 Bibionidae

红腹毛蚊 *Bibio rufiventris*（Duda，1930）

　　体长9.8-11.0毫米，雌雄异形。雄性体均为黑色，有时前足胫节端刺及距红棕色；翅黑色半透明，头部大而圆，复眼占据头部大部，触角短粗，9节。雌性体大部黑色，中胸背板及腹部橙红色，平衡棒黑色；头部小而向前突伸，复眼小，不相连。

　　幼虫群集于地下生活，危害植物地下根茎及幼苗；成虫在北京见于4-6月。

　　分布：北京、陕西、黑龙江、内蒙古、河北、福建；日本，朝鲜。

100. 虻科 Tabanidae

体长 10-11.5 毫米。体浅灰色，具浅色斑纹。触角短，鞭节第 1 环节略侧扁；头横宽，头顶具纵纹，额具 1 对黑色绒斑；复眼深色，具蓝绿色带。胸部背板黑色，具 5 条灰色纵纹，中央 1 条细，两侧较粗，小盾片灰色。翅棕灰色，具斑驳花纹，翅痣显，翅端及后缘大部深色，第 5 后室后缘具较小白斑。

小型虻类，成虫吸血，幼虫半水生，成虫可被灯光吸引。

分布：北京、辽宁、山西。

体长 10-11 毫米。体黑灰色，具浅色斑纹。触角短，鞭节第 1 环节短而扁，近圆盘状；头横宽，头顶纵纹不显，额具 1 对显著黑色绒斑；复眼深色，具蓝绿色带。胸部背板黑色，具 3 条灰色纵纹，纵纹较细，到达中部。翅棕灰色，具斑驳花纹，翅痣显，翅端及后缘大部深色，第 5 后室后缘具较大白斑。

小型虻类，成虫吸血，幼虫半水生，成虫可被灯光吸引。可根据不同的触角鞭节形状和翅面斑纹与前种区分。

分布：北京、辽宁、河北、山西、江苏、浙江；朝鲜。

江苏虻 *Tabanus kiangsuensis* Krober，1933

体长 12-15 毫米；体黑灰色。复眼无显著横带；触角短，鞭节基部橙色，第 1 环节具钝突。胸部背板黑色，具 5 条灰色细纵纹，侧面具大量白色长绒毛；翅透明，沿翅脉染褐色，R4 脉无附支，第 1 后室端变窄，但不封闭；各足胫节灰白色。腹部背板黑灰色，中央具黄白色三角形斑，两侧具斜方形斑。

该种为华北地区常见虻，平原及山区均有分布，吸食人畜血液。图中所示为雄虫，头部明显大于胸部，复眼大而紧密相连，雄虻不吸食血液。

分布：北京、上海、江苏、浙江、江西、湖北、四川、福建、广东、广西、台湾。

101. 水虻科 Stratiomyidae

上海小丽水虻 *Microchrysa shanghaiensis* Ouchi，1940

体长 4.5-4.8 毫米。雄性复眼红色，大而相接，占据头部大部；触角短，黄褐色，鞭节 4 节；胸部金属绿色；翅透明，无斑，翅脉黄色；平衡棒黄色；腹部黄色，4、5 背板中部具黑斑；后足股节中部黑褐色，胫节均为黄色。雌性体均为金属绿色，复眼黑色，左右不相连。

见于北京平原地区，幼虫腐食性，成虫可被灯光吸引。

分布：北京、陕西、上海、浙江、湖北；日本。

日本指突水虻 *Ptecticus japonicus*（Thunberg，1789）

雄性体长 12-19 毫米。体均为黑色，腹部第 2 节白色半透明，中央具三角形黑斑；平衡棒白色，前足胫节基部白色，中足第 1、2 跗节白色。触角梗节前端向前突出如指状，长为柄节长的 1.5 倍，鞭节基部盘形，顶部着生 1 细长端芒。两性复眼均分离，小眼面上大下小。

该种在北京平原地区常见，常围绕垃圾堆飞行，幼虫取食腐烂有机质。

分布：北京、河北、天津、上海、湖南、江苏、浙江、福建、广东、广西、贵州、香港；日本，朝鲜，俄罗斯。

102. 食蚜蝇科 Syrphidae

黑带食蚜蝇 *Episyrphus balteatus*（DeGeer，1776）

体长 8-10 毫米，体形狭长；头部棕黄色，具灰白色粉被，雌性具暗色纵线，雄性具 1 对小黑斑，复眼红色；中胸背板墨绿色，具 4 条亮黑色纵条；小盾片黄色；腹部狭长，第 2 节最宽；腹部大部黄色，第 2-4 背板近后缘具宽的黑色横带，近基部具窄的黑色横带，中央常向前弯曲；足棕黄色，后足跗节褐色。

北京常见小型食蚜蝇，成虫访花，幼虫捕食多种蚜虫。

分布：全国各省区均有分布；国外分布于日本、蒙古国、俄罗斯、中亚、欧洲、北非、东南亚、澳大利亚。

连斑条胸蚜蝇 *Helophilus continuus* Loew，1854

体长 11-14 毫米；头部浅黄色，被绒毛，复眼棕褐色；中胸背板两侧具金黄色绒毛，中央黄色，具灰白色粉被，具 3 条黑色宽纵纹；小盾片橙黄色，后缘具长毛；腹部第 2-3 背板橙黄色，中央具黑斑，第 3 背板的黑斑被灰白色斑纹隔断；第 4-5 背板黑色，第 4 背板中央具灰白色横纹；前足、中足浅黄色，跗节及股节基部黑色；后足黑色，胫节基部白色。

成虫访花，幼虫水生，取食腐殖质。

分布：北京、河北、甘肃、新疆、内蒙古；俄罗斯，蒙古国，阿富汗。

狭带条胸蚜蝇 *Helophilus virgatus* Coquillett，1898

体长 12-16 毫米；头部黑色，密被金黄色绒毛，复眼棕褐色，触角褐色；中胸背板黑色，具金黄色绒毛，具 4 条很细的浅黄色纵纹；小盾片黄色，中央具深色斑；腹部大部黑色，第 2-4 背板中央具浅黄色横纹，第 2 背板的横纹较宽，第 3-4 背板的横纹很窄，第 2-3 背板后缘黄色。翅透明，翅痣明显，深褐色。前、中足浅黄色，股节基部及跗节黑色；后足黑色。

成虫访花，幼虫水生，取食腐殖质。

分布：北京、陕西、辽宁、吉林、黑龙江、河北、江苏、浙江、江西、福建、湖北、湖南、四川、云南、西藏；日本，俄罗斯。

大灰优蚜蝇 *Eupeodes corollae*（Fabricius，1794）

体长 9-10 毫米，体形细长。头顶黄色，复眼间黑色，触角黑色，复眼棕褐色；中胸背板暗绿色，被褐色长毛，中央具 3 条不显著的暗色狭纵纹；小盾片棕色，被黄棕色毛。腹部背板黑色，第 2-4 背板各具 1 对大黄斑，第 3-4 腹板 2 黄斑中央相连，第 2 腹板黄斑外侧前角达背板侧缘。翅透明，平衡棒黄色。

北京十分常见的小型食蚜蝇，成虫访花，幼虫捕食蚜虫。

分布：北京、河北、内蒙古、辽宁、吉林、黑龙江、浙江、福建、江西、山东、河南、湖北、湖南、广西、四川、贵州、云南、西藏、陕西、甘肃、青海、宁夏、新疆、台湾；俄罗斯，蒙古国，日本，亚洲，欧洲，北非。

灰带管蚜蝇 *Eristalis cerealis* Fabricius，1805

体长 11-13 毫米，体型粗壮。头顶三角区黑色，额黑色具棕黑色毛，颜黑色被黄白毛，触角黑色。中胸背板黑色，被灰白色粉被及淡黄褐色毛，中央具 1 暗斑，其上粉被较少。小盾片黄色。腹部黄色，第 2 背板中部具"I"形黑斑，第 3-4 背板中央具黑色横带，第 2-4 背板后缘具黄边。翅透明，翅痣不明显，平衡棒黄色。前足、中足浅色，股节基部及跗节黑色；后足黑色。

北京十分常见的中型食蚜蝇，成虫访花，幼虫半水生，取食腐殖质。

分布：河北、北京、内蒙古、辽宁、黑龙江、江苏、浙江、安徽、福建、江西、山东、河南、湖北、湖南、广东、四川、云南、西藏、陕西、甘肃、青海、新疆、台湾；俄罗斯，朝鲜，日本，东南亚。

103. 蜣蝇科 Pyrgotidae

东北适蜣蝇 *Adapsilia mandschurica*（Hering，1940）

体长8-9毫米；体淡黄色，具黑斑。头黄褐色，头顶有时颜色较深；复眼棕红色，触角鞭节与梗节近等长，触角芒分2节；中胸盾片黄色，具4条紧密排列的黑色宽纵纹，中央1对不到达后缘，两侧1对于中部中断；小盾片黄色，具黑斑，与中胸盾片后缘的黑斑相连；翅透明，具深色斑纹，斑纹时有变化。雌性腹部第6节强烈延长。

成虫见于四五月，夜间可被灯光吸引，幼虫寄生金龟。

分布：北京、黑龙江；朝鲜。

104. 鼓翅蝇科 Sepsidae

新瘿小鼓翅蝇 *Sepsis neocynipsea* Melander & Spuler，1917

体长2-4毫米；体黑色，腹部常具紫红色光泽，复眼红色；头圆球形，颈部细；翅透明，R2+3脉端部具1深褐色小斑；平衡棒白色；腹部第1节两端变窄，形成小节，腹部其余各节扁平，向腹面弯曲；各足黄褐色，各足第5跗节黑色，后足胫节及全部跗节深色。

常见于植物叶片上鼓动翅膀，成虫和幼虫取食动物粪便。

分布：北京、陕西、新疆、吉林、辽宁、河北、河南、江苏、浙江、四川；日本，俄罗斯，蒙古国，中亚，欧洲，北美洲。

105. 缟蝇科 Lauxaniidae

斯氏同脉缟蝇 *Homoneura stackelbergiana* Papp，1984

体长约4毫米；体淡黄褐色，触角黄褐色，触角芒黑色，复眼红色；小盾片浅色，前角及后端各具1对鬃；前翅具5个黑色小斑，3个斑靠近翅端，位于纵脉端部，2个斑位于翅中，位于横脉上；腹部黄色，无斑纹。

常见于杂草丛中，幼虫多取食腐烂植物。

分布：北京；日本，朝鲜，俄罗斯。

106. 丽蝇科 Calliphoridae

丝光绿蝇 *Lucilia sericata*（Meigen，1926）

体长5-10毫米；体金属绿色至铜绿色，光泽强烈；头被银白色粉被；复眼红色；触角黑色具银白色粉被，鞭节约为梗节长度3倍，触角芒羽状；头侧后顶鬃一般2对以上，后中鬃3对。雄蝇复眼间距较窄。

十分常见的卫生害虫，可传播多种疾病，成虫见于4-9月。幼虫取食各类腐败的动物尸体及其产品，也偶有取食活体动物伤口造成蝇蛆症的报道，成虫常见于垃圾堆周围，有时也会访花。

分布：我国广泛分布；几乎全世界都有分布。

107. 麻蝇科 Sarcophagidae

棕尾别麻蝇 *Boettcherisca peregrina*（Robineau-Desvoidy，1830）

体长 7-11 毫米；体灰褐色，具银白色粉被；复眼红色；间额黑色；额银白色；触角黑色，触角芒简单；胸背具 3 条黑色纵纹，两侧各有 1 条较细的纵纹；小盾片中央具黑斑；腹部 2-4 节中央具黑色纵条，逐渐变窄，其两侧各具 2 枚斜向排列的黑色方斑。

幼虫多取食粪便，常见于厕所内；也会取食动物尸体及腐烂发酵物。成虫偶尔见于室内。

分布：我国除新疆、西藏外各省区均有分布；国外分布于日本、朝鲜、俄罗斯、东南亚、南亚、澳大利亚。

108. 蝇科 Muscidae

斑蹠黑蝇 *Ophyra chalcogaster*（Wiedemann，1824）

体长 5-6.5 毫米；通体黑色，光亮；头大，复眼红色而突出，雄蝇两复眼几乎相接，雌蝇略分开；触角上方新月片具银白色粉被；触角银白色，触角芒长而简单；翅透明，翅脉黄色。

幼虫生活于人畜粪便及腐烂的动植物中，成虫常见于室外。

分布：我国除新疆、西藏外大部分省区均有分布；国外分布于日本、朝鲜、俄罗斯、蒙古国、南亚、东南亚、非洲、大洋洲。

109. 寄蝇科 Tachinidae

腹长足寄蝇 *Dexia ventralis* Aldrich，1925

体长 7-9 毫米；体黄褐色。间额黑褐色，额米黄色；复眼红色，雄蝇额宽约为复眼宽的 1/3，雌蝇额宽约等于复眼宽。胸背具米黄色粉被，具 8 个黑色纵斑，整齐排列。腹部黄色，各节前缘具粉被；第 2-3 背板中央具黑色纵纹；雌蝇第 4 背板几乎全为黑色，雄蝇仅中央具黑色纵纹。

幼虫寄生丽金龟幼虫，成虫常见于低矮植物叶片上停息。

分布：北京、陕西、内蒙古、辽宁、河北、山西、贵州；朝鲜，俄罗斯，蒙古国，北美洲（引入）。

110. 树蜂科 Siricidae

黑顶扁角树蜂 *Tremex apicalis* Matsumura，1912

体长 16-34 毫米。雌性体大部黑色；触角短粗，自中部起渐膨大，不及前翅长度一半，触角基部黑色，端部白色；翅黄色透明，顶角及外缘略带烟褐色；腹部各节黑黄相间；产卵管短；各足黑白相间，胫节基部、第 1、第 5 跗节白色。雄性与雌性体色相似，但前足胫节两端和基跗节外侧及爪红褐色。

该种近年在北京平原地区较为常见，成虫多见于 5 月。幼虫钻蛀危害，常侵害截头的或树势较弱的树木，往往造成树木部分死亡。主要危害杨、柳、悬铃木等。

分布：北京、辽宁、吉林、河北、天津、陕西、上海、浙江、江苏、四川；日本，朝鲜。

111. 褶翅小蜂科 Leucospidae

日本褶翅小蜂 *Leucospis japonica* Walker，1871

体长 8-12 毫米，体黑黄两色，翅烟褐色。前胸背板具 2 条黄色横纹，后部的横纹内形成较弱的隆脊。后足股节强烈膨大，后缘具许多小齿，第 1 枚齿较大，远离其余各齿；后足股节黑色，两端黄色，基部形成月牙形黄带。腹部筒状，端部钝圆；第 1 背板具 2 条纵沟，其间具光滑纵脊；产卵器折于背上。

褶翅小蜂是小蜂总科中个体最大的类群，该种相对常见，成虫在北京见于六七月，幼虫寄生胡蜂、泥蜂、切叶蜂等。

分布：北京、江苏、上海、浙江、河南、河北、江西、四川、云南、贵州、台湾；日本，印度，尼泊尔等。

112. 姬蜂科 Ichneumonidae

北海道马尾姬蜂 *Megarhyssa jezoensis*（Matsumura，1912）

体长 20-44 毫米；雌性产卵管极长，约为体长 1.5 倍。体浅黄色与黄褐色相间；头部黄色，单眼区及触角周围深褐色，复眼间无深色横纹；触角黑色；中胸背板具深色纵纹，其前表面与水平表面成 90 度角；腹部第 2 背板具 1 对 "C" 形或 "O" 形黄斑，黄斑于中线处有时相连；翅透明，翅脉黑色，翅痣褐色，前翅大部略染褐色，但不形成显著斑纹。

该种已知寄主有烟扁角树蜂与光肩星天牛，均为杨柳科植物蛀干害虫。北京还有近似的斑翅马尾姬蜂 *M. praecellens*，但后者翅痣外侧具显著的大型深色圆斑，头部和第 2 背板斑纹与本种不同。

分布：北京、河北、辽宁、吉林、河南、山东、陕西、湖南；日本，朝鲜。

地老虎细颚姬蜂 *Enicospilus tournieri*（Vollenhoven，1879）

体长 14-19 毫米。体黄褐色，无显著斑纹；眼眶黄色，中胸背板具不显著的黄色条纹。上颚长，端部强烈变细。翅透明，略具烟褐色；翅脉深褐色，翅痣黄褐色；前翅盘肘室中央具 1 显著的三角形骨片，其端部还另具 1 极小的骨片；小翅室缺。腹部侧扁，产卵管短。

寄主为夜蛾科的小地老虎、棉铃虫等，成虫具趋光性。

分布：北京、陕西、宁夏、甘肃、新疆、内蒙古、辽宁、吉林、黑龙江、河北、山西；俄罗斯，中亚至欧洲。

花胫蚜蝇姬蜂 *Diplazon laetatorius*（Fabricius，1781）

体长 5-7 毫米。体具黑、黄、褐三色；头黑色，复眼前方及触角周具黄斑；触角黑色，端部褐色；中胸背板黑色，前侧角及后端共具 3 枚黄斑；腹部 1-3 节背板红棕色，其余黑色；各足红棕色，后足胫节自基部起分 4 段不同颜色：黑、白、黑、红棕，跗节黑色。翅透明，略带烟褐色，翅痣黑黄双色。

寄主为多种食蚜蝇，寄主卵期或初孵幼虫期寄生，于寄主化蛹后羽化。

分布：全国广泛分布；世界广布。

舞毒蛾黑瘤姬蜂　*Coccygomimus disparis*（Viereck，1911）

体长 9-18 毫米。体均一黑色，具光泽；前足、中足的股节、胫节、跗节红色，后足股节基部 3/4 红色，端部黑色。翅完全透明，翅痣黑色，两端具淡黄色小斑。复眼内缘在触角窝上方略凹；盾纵沟弱或无；并胸腹节中纵脊仅基部存在；腹部扁；产卵管接近腹部长度一半。

寄生多种寄主的蛹期，已记录寄主包括鳞翅目各科 30 余种，如舞毒蛾、赤松毛虫、樗蚕、菜粉蝶等。

分布：我国广泛分布；国外分布于日本、朝鲜、俄罗斯、蒙古国、印度。

113. 胡蜂科 Vespidae

角马蜂　*Polistes chinensis antennalis* Pérez，1905

体长 12-25 毫米，体黑色，具醒目黄斑。触角红棕色，柄节和梗节背面黑色；前胸黄色，侧板具大型黑斑；中胸盾片黑色；小盾片具黄斑；并胸腹节具 3 枚黄斑。腹部各节黑色，端部具黄色横带，第 2 背板两侧具 1 对黄斑。各足基节、转节、股节基部黑色，其余部分黄褐色。

筑造大型巢穴，成虫可捕食多种鳞翅目幼虫，园区中有叮咬游人的可能，需注意防范。

分布：北京、新疆、甘肃、内蒙古、吉林、河北、山西、山东、江苏、安徽、浙江、福建、湖南；日本，朝鲜，俄罗斯，新西兰（引入）。

114. 蚁科 Formicidae

掘穴蚁 *Formica cunicularia* Latreille，1798

工蚁体长 4-6.5 毫米。体红褐色，头及腹部颜色较深，胸部浅褐色；体背白色细柔毛；前胸背板常无直立毛。下颚须 6 节；唇基前缘凸出，具细锯齿，中脊明显；触角 12 节，触角窝与唇基后缘相连；小结节鳞片状，前凸后平，上缘无毛；腹部较粗，长卵形。

北京城区常见，爬行迅速，杂食；繁殖蚁七八月出现。

分布：北京、河北、陕西、河南、安徽、湖北、湖南、四川、云南；西亚，欧洲，北非。

松村举腹蚁 *Crematogaster matsumurai* Forel，1901

工蚁体长 2.5-3.5 毫米。体红褐色至深褐色，腹部颜色较深；具近白色立毛。头正方形，光亮，无显著刻点或皱纹，后缘深凹，复眼小；触角 11 节，棒状，棒节 3 节；前胸背板两侧具明显的纵长刻纹；并胸腹节具 1 对三角形短齿；小结节 2 节，第 1 节四边形，第 2 节椭圆形；腹部末端尖，常常上举。

松村举腹蚁多见于树干上，筑巢于树洞中。

分布：北京、河北、湖北、湖南、山东、陕西、安徽、云南、台湾；日本，印度，马来西亚，印度尼西亚。

路舍蚁 *Tetramorium caespitum*（Linnaeus，1758）

工蚁体长 2.5-3.7 毫米；体红褐色至黑褐色，足及触角红褐色，腹部末端色常较浅。头方形，具纵向皱纹，其间具细刻点，复眼小；触角 12 节，呈明显的棒状，棒节 3 节；前胸具纵向粗皱纹；并胸腹节具 1 对短刺突；小结节 2 节，第 1 节圆锥形，第 2 节球形。

北京常见小型蚂蚁，于道路、住宅附近的土地筑巢，食性杂。

分布：北京、山东、浙江、上海、福建、江苏、内蒙古；日本、美国、北非。

黄毛蚁 *Lasius flavus*（Fabricius，1781）

工蚁体长 2.5-4.5 毫米；体黄色至黄褐色，被稀疏黄色直立毛。头三角形；复眼小，黑色；单眼 3 枚，极小，几乎不可见；触角 12 节，柄节被稀疏的直立毛。后胸背板两侧具 1 对小突起；并胸腹节无齿突，气门圆形；小结节片状，四边形；腹部粗壮，最宽处位于第 2 节，末端渐尖。

北京平原地区时有见到，常在树木周围、大石块下方筑巢，食性广泛。

分布：北京、浙江、吉林；日本，欧洲，北非，北美洲。

黑毛蚁 *Lasius niger*（Linnaeus，1758）

工蚁体长 3-5 毫米；体栗褐色至黑褐色，具光泽，被稀疏黄色直立毛；腹部颜色较深，触角和足颜色较浅。头三角形；触角 12 节，不为棒状，柄节长于头部，被密集的黄色半直立毛；并胸腹节无齿突，气门圆形；小结节片状，四边形；腹部粗大，纺锤形。

北京常见小型蚂蚁，于墙壁、道路缝隙或树根处筑巢，常见于植物上访花或访问各类胸喙类昆虫以取食其排出的蜜露。图中为黑毛蚁与芦苇上的声蚜 *Toxoptera* sp.。

分布：北京、河北、江苏、山东、四川、湖南、云南等；日本，欧洲，北非，北美洲。

115. 隧蜂科 Halictidae

淡脉隧蜂 *Lasioglossum* sp.

雌蜂体长 9-11 毫米。体黑色，无金属光泽；头部沿复眼内缘具灰白色长毛，额被毛较少，具密刻点；胸部背面密被金黄色长毛，翅基片褐色，胸部腹面具灰白色毛，后足基节被极长而卷曲的灰白色毛；腹部 2-4 节背板后缘具狭窄灰白色毛带；第 5 背板具褐色毛；第 2-4 背板中部具浅横沟。

见于早春，访榆叶梅。

分布：北京。

116. 蜜蜂科 Apidae

意大利蜜蜂 *Apis mellifera* Linnaeus，1758

工蜂体长 12-13 毫米。体黑黄两色；触角黑色；头、胸部密被黄色长毛，其间杂有一些黑色长毛；腹部 1-3 节黄色，端部具黑色横带，4-5 节黑色；各足黑色，后足胫节及基跗节扁平，用于携带花粉。

意大利蜜蜂是最常见的人工饲养蜜蜂，市售多数蜂蜜都是它们酿造的。意大利蜜蜂已在我国广泛野化，无蜜蜂养殖的地方也十分常见；在北京是最常见的蜜蜂，也是重要的传粉昆虫。但因我国本土分布、历史上长期饲养的中华蜜蜂 *A. cerana* 正被其逐渐替代，意大利蜜蜂也被视为有一定威胁的入侵生物。

分布：原产欧洲，现已引种至世界各地。

黑颚条蜂 *Anthophora melanognatha* Cockerell，1911

雌蜂体长 14-17 毫米。体黑色，具由被毛形成的黑白两色斑纹；头、胸部被灰白色及黑褐色长毛；前足股节及胫节外侧具金黄色长毛，中足、后足胫节外侧具金黄色毛；腹部黑色，第 1 背板全部、第 2-4 背板后缘具灰白色毛带。

春季常见，于园内访桃、李等花。

分布：北京、河北、陕西、甘肃、青海、辽宁、江苏、浙江。

花四条蜂 *Eucera floralia*（Smith，1854）

体长 12-14 毫米。体黑色，雄性头及胸部被金黄色长毛，雌性被白色长毛；雄性触角长于体长，鞭节弯曲，雌性触角不及体长一半；腹部 1-2 节被毛与胸部同；腹部 3-5 节背板被黑毛，端部具狭窄白色毛带；后足具金黄色毛刷。图中所示为雄蜂。

春季常见，于园内访桃、李等花。

分布：北京、河北、江苏、上海、浙江；印度，欧亚大陆广布。

主要参考文献

车晋滇，杨建国．2005.中国农业北方习见蝗虫．北京：中国农业出版社．

陈世骧，等．1986.中国动物志 昆虫纲 第二卷 鞘翅目 铁甲科．北京：科学出版社．

丁锦华．2006.中国动物志 昆虫纲 第四十五卷 同翅目 飞虱科．北京：科学出版社．

杜连海，等．2015.北京松山自然保护区昆虫图谱．杨凌：西北农林科技大学出版社．

韩红香，薛大勇．2011.中国动物志 昆虫纲 第五十四卷 鳞翅目 尺蛾科 尺蛾亚科．北京：科学出版社．

何俊华，等．1996.中国经济昆虫志 第五十一册 膜翅目 姬蜂科．北京：科学出版社．

黄春梅，等．2012.中国动物志 昆虫纲 第五十卷 双翅目 食蚜蝇科．北京：科学出版社．

李法圣．2011.中国木虱志（昆虫纲：半翅目）．北京：科学出版社．

李后魂，等．2012.秦岭小蛾类．北京：科学出版社．

李铁生．1985.中国经济昆虫志 第三十册 膜翅目 胡蜂总科．北京：科学出版社．

刘广瑞，章有为，王瑞．1997.中国北方常见金龟子彩色图鉴．北京：中国农业出版社．

彭吉栋，任国栋，武大勇．2014.白洋淀湿地水生甲虫资源与发生概况．环境昆虫学报，36（3）：305-314.

任顺祥，等．2009.中国瓢虫原色图鉴．北京：科学出版社．

孙元．2012.黑龙江省弹尾虫分类与生态多样性研究．哈尔滨：黑龙江大学出版社．

谭娟杰，虞佩玉．1980.中国经济昆虫志 第十八册 鞘翅目 叶甲总科（一）．北京：科学出版社．

唐觉，等．1995.中国经济昆虫志 第四十七册 膜翅目 蚁科（一）．北京：科学出版社．

王平远．1980.中国经济昆虫志 第二十一册 鳞翅目 螟蛾科．北京：科学出版社．

王遵明．1983.中国经济昆虫志 第二十六册 双翅目 虻科．北京：科学出版社．

吴坚，王常禄．1995.中国蚂蚁．北京：中国林业出版社．

夏凯龄，等．1994.中国动物志 昆虫纲 第四卷 直翅目 蝗总科 癞蝗科 瘤锥蝗科 锥头蝗科．北京：科学出版社．

肖刚柔，等．1992.中国经济叶蜂志（Ⅰ）．北京：天则出版社．

萧彩瑜，等．1977.中国蝽类昆虫鉴定手册（半翅目异翅亚目）（第一册）．北京：科学出版社．

萧彩瑜，等．1981.中国蝽类昆虫鉴定手册（半翅目异翅亚目）（第二册）．北京：科学出版社．

薛万琦，赵建铭．1996.中国蝇类（上下册）．沈阳：辽宁科学技术出版社．

杨宏，王春浩，禹平．1994.北京蝶类原色图鉴．北京：科学技术文献出版社．

杨星科，等．2005.中国动物志 昆虫纲 第三十九卷 脉翅目 草蛉科．北京：科学出版社．

殷海生，刘宪伟．1995.中国蟋蟀总科和蝼蛄总科分类概要．上海：上海科学技术文献出版社．

虞国跃．2015.北京蛾类图谱．北京：科学出版社．

虞国跃．2017.我的家园——昆虫图记．北京：电子工业出版社．

虞国跃，王合，冯术快 . 2016. 王家园昆虫 . 北京：科学出版社 .

虞佩玉，等 . 1996. 中国经济昆虫志 第五十四册 鞘翅目 叶甲总科（二）. 北京：科学出版社 .

张生芳，陈洪俊，薛光华 . 2008. 储藏物甲虫彩色图鉴 . 北京：中国农业科学技术出版社 .

郑哲民，等 . 1998. 中国动物志 昆虫纲 第十卷 直翅目 蝗总科 斑翅蝗科 网翅蝗科 . 北京：科学出版社 .

中国科学院动物研究所 . 1983-1986. 中国蛾类图鉴（I-IV）. 北京：科学出版社 .

Kurosawa Y.，Hisamatsu S.，Sasaji H. 1985. The Coleoptera of Japan in Color. Vol. III. Higashiosaka，Japan：Hoikusha Publishing.

Löbl I.，Smetana A. 2003-2013. Catalogue of Palaearctic Coleoptera. Volume 1-8. Stenstrup，Denmark：Apollo Books.

Ueno S.，Kurosawa Y.，Sato M. 1985. The Coleoptera of Japan in Color. Vol. II. Higashiosaka，Japan：Hoikusha Publishing.

Wang S.X. 2006. Oecophoridae of China（Insect：Lepidoptera）. Beijing：Science Press.

中文名索引

（按汉语拼音音序排列）

163

拉丁名索引